目次

1、はじめに

電気回路を学習するに当たって。

「電気はにがて」と感じている人は、小学生に限らず中高生や大人の中にも多く見られます。その原因の第一は、電気そのものが目に見えないことにあります。そのため、電気がどのように動くのか、電池やまめ球のはたらきはどうなのかがイメージ出来ないのです。第二は、イメージがないままオームの法則などの公式に当てはめて、電流の大きさなどの値を出すと言う作業だけを強いられることにあります。

本シリーズでは、電気回路を出来るだけ水路のイメージでとらえながら、基本的で常識的な感覚に基づいて電流の流れを理解できるように工夫しています。迷ったときは、水路のイメージに立ち戻って直感的に理解できるようになるまで考え直して下さい。そうすることで、「電気がとくい」になり、ひいては自然の仕組みを理解することに興味を深く持ってもらえるようになることを願っています。

電気回路の考え方の前提について

本書において、電池（乾電池）の抵抗はないものとして考えています。この条件は小学校のカリキュラムや中学入試においても同様です。ただし、実際には乾電池の内部抵抗（ないぶていこう）のため実験すると電流の大きさは本テキストの数値とは違います。

また、中学校や高等学校で学習する本来の法則名や用語を使わず、本書独自のものを使用している部分があります。例えば、一本道の法則などがこれに当たります。このような表現をしているのは小学生が法則の意味を直感的に理解しやすいようにするためです。以上二点についてご了承の上、本書をご利用下さい。

2、電池のはたらき

電池は水をくみ上げるポンプと働き（はたらき）がにています。普通（ふつう）の乾電池（かんでんち）は1.5V（ボルト）で、これは電気のつぶを1.5ボルト高いところへ運ぶはたらきがあると言う意味です。以下の説明では理解しやすくするため、1ボルトの電池としています。ポンプなら1m高く水をくみ上げるのと同じです。

まず下図をよく満て、電池とポンプがよくにているはたらきであることを覚えましょう。

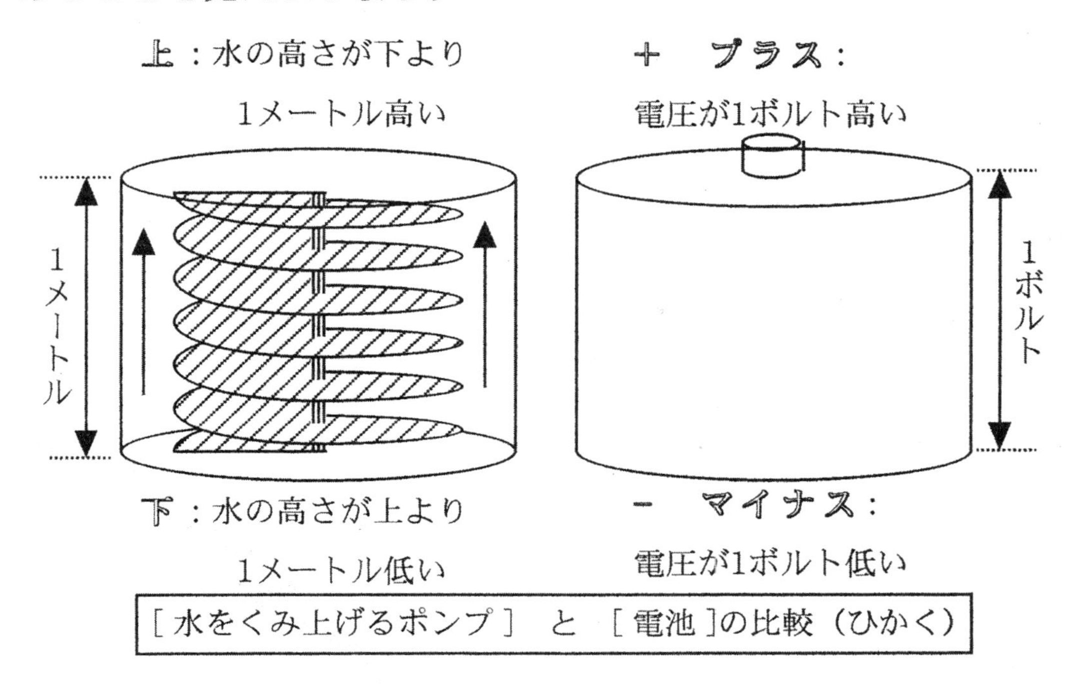

［水をくみ上げるポンプ］と［電池］の比較（ひかく）

ここで大切なのは、ポンプも電池も高さを決めるが、流れる水の量や流れる電気の量を決めていないと言うことです。言いかえると、1Vの電池が必ず1Aの電流を流すとは決まっていないと言うことです。

3、電池の直列と並列

電池やまめ球をたてにならべることを直列（ちょくれつ）、よこに並べることを並列（へいれつ）といいます。

まず、電池2個を直列に並べてみよう。すると、両端の電圧の差が1+1=2ボルトになります。このことをポンプをたてにならべると1+1=2mの水位の差ができること比べて理解しましょう。

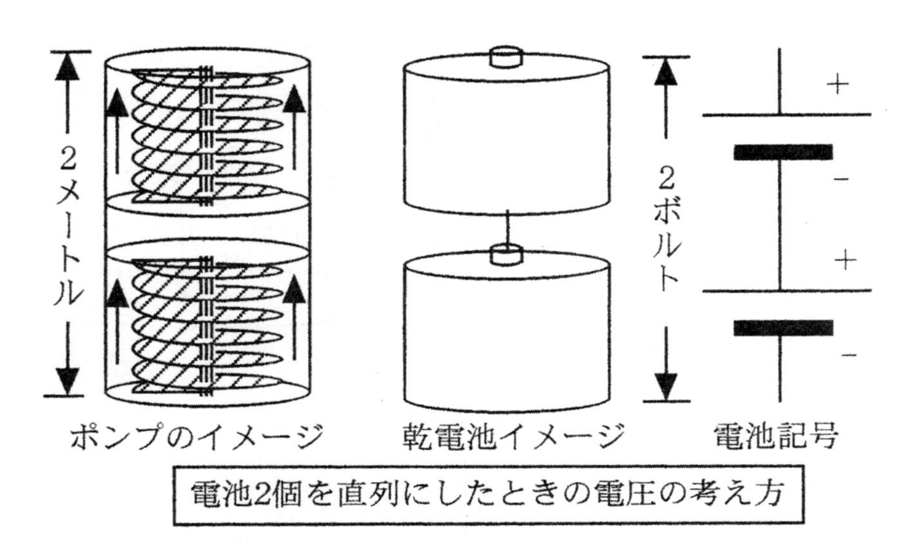

電池2個を直列にしたときの電圧の考え方

2個並列にならべます。この場合は電圧の差は1ボルトのままです。これは、ポンプの場合でも同じです。

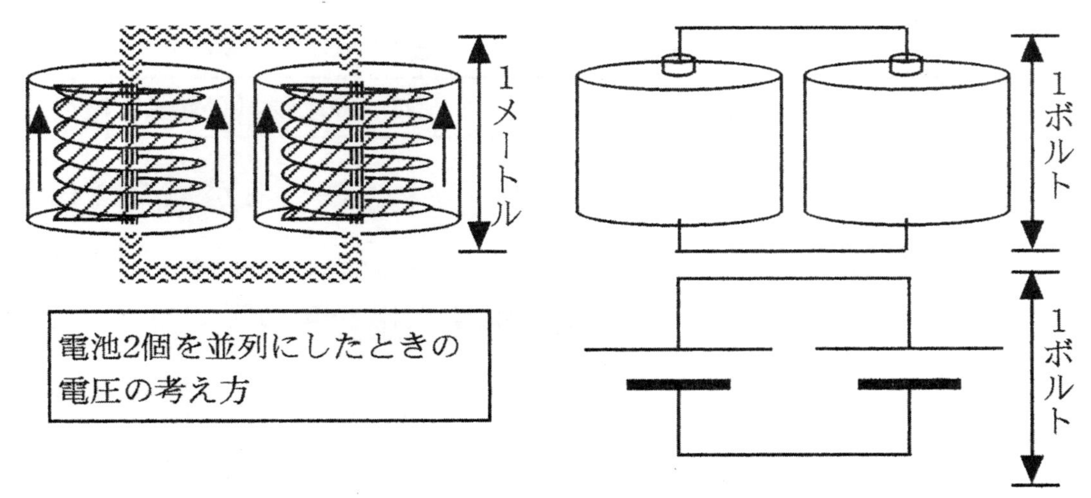

電池2個を並列にしたときの電圧の考え方

4、電池による電圧の差　　no.1　　月　　日 得点（　　　）

右図のアの電圧はイの電圧より1ボルト（ボルトは電圧の単位で記号はV）高いとします。または、アとイの電圧の差は1Vとも言います。そこで、下図の各記号の間の電圧の差を答えなさい。ただし、下図の電池の種類はすべて右図と同じとします。

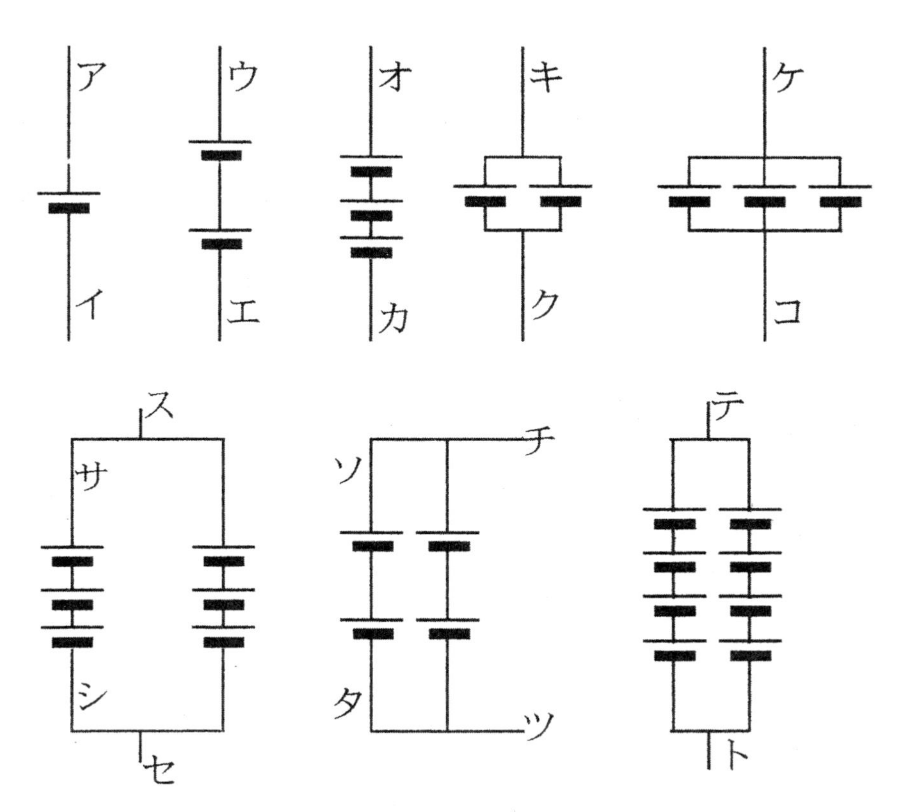

（各10点×10=100点）

①アとイの電圧の差（　　　）V、②ウとエの電圧の差（　　　）V

③オとカの電圧の差（　　　）V、④キとクの電圧の差（　　　）V

⑤ケとコの電圧の差（　　　）V、⑥サとシの電圧の差（　　　）V

⑦スとセの電圧の差（　　　）V、⑧ソとタの電圧の差（　　　）V

⑨チとツの電圧の差（　　　）V、⑩テとトの電圧の差（　　　）V

4、電池による電圧の差　　no.2　月　日 得点（　　）

右図のアの電圧はイの電圧より1ボルト（ボルトは電圧の単位で記号はV）高いとします。または、アとイの電圧の差は1Vとも言います。そこで、下図の各記号の間の電圧の差を答えなさい。ただし、下図の電池の種類はすべて右図と同じとします。

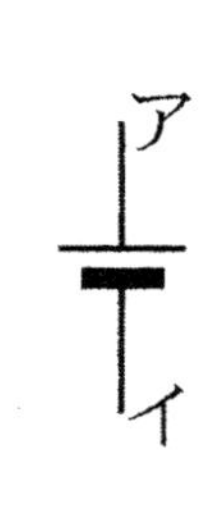

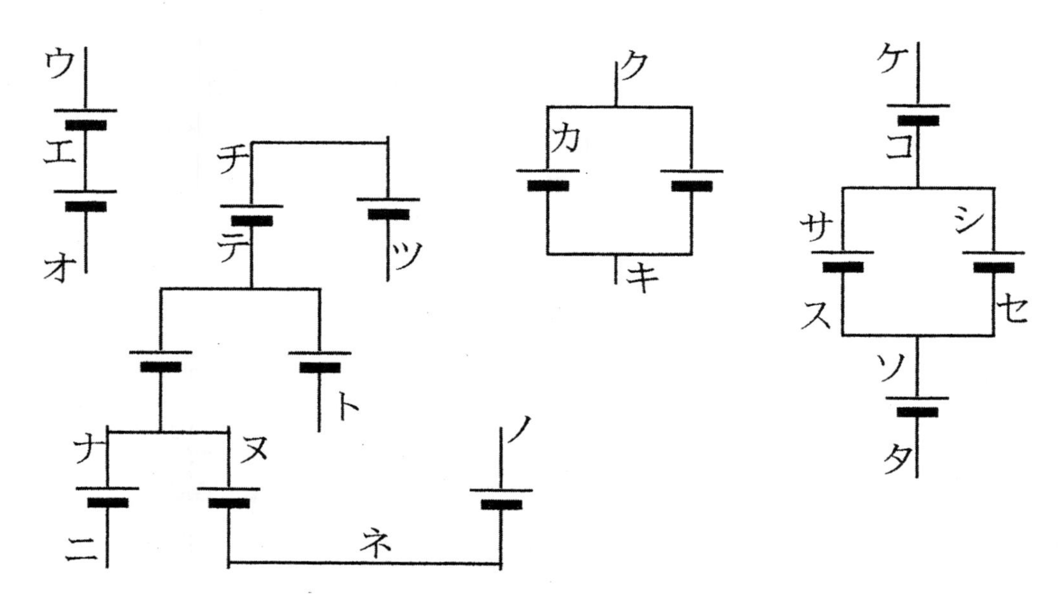

（各10点×10=100点）

①ウとエの電圧の差（　　）V、②ウとオの電圧の差（　　）V

③カとキの電圧の差（　　）V、④クとキの電圧の差（　　）V

⑤ケとシの電圧の差（　　）V、⑥サとセの電圧の差（　　）V

⑦ケとタの電圧の差（　　）V、⑧テとツの電圧の差（　　）V

⑨チとニの電圧の差（　　）V、⑩テとノの電圧の差（　　）V

4、電池による電圧の差　　no.3　月　日 得点（　　）

右図のアの電圧はイの電圧より1.5ボルト（ボルトは電圧の単位で記号はV）高いとします。または、アとイの電圧の差は1.5Vとも言います。そこで、下図の各記号の間の電圧の差を答えなさい。ただし、下図の電池の種類はすべて右図と同じとします。

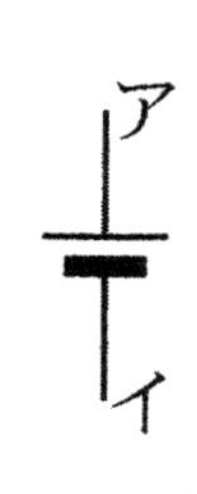

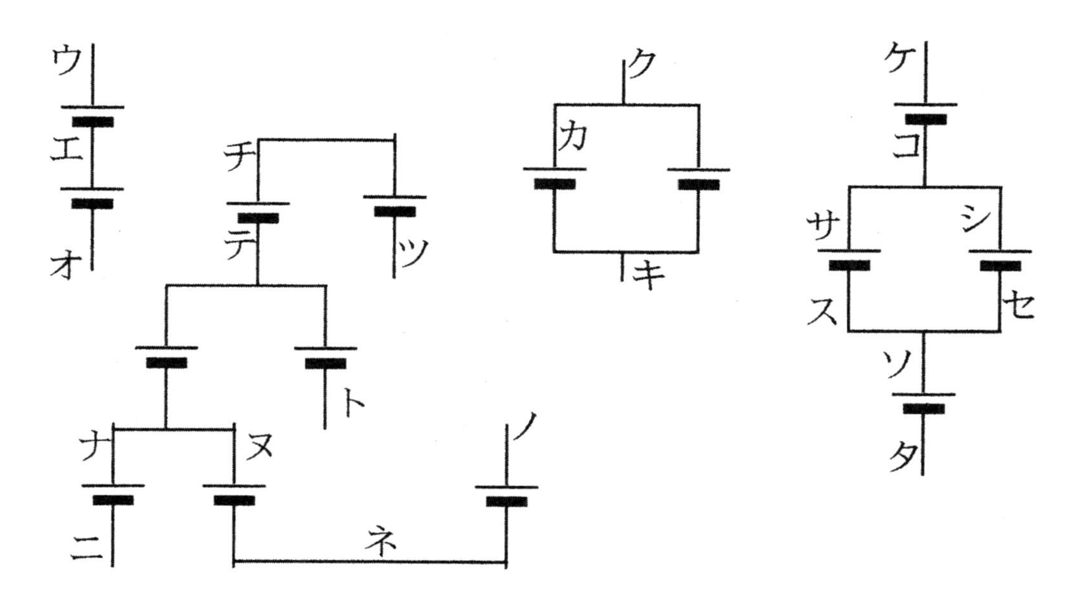

（各10点×10=100点）

①ウとオの電圧の差（　　）V、②カとキの電圧の差（　　）V

③ケとセの電圧の差（　　）V、④サとシの電圧の差（　　）V

⑤コとソの電圧の差（　　）V、⑥ケとコの電圧の差（　　）V

⑦ツとトの電圧の差（　　）V、⑧チとヌの電圧の差（　　）V

⑨ツとネの電圧の差（　　）V、⑩ニとノの電圧の差（　　）V

4、電池による電圧の差　　no.4　月　日 得点（　　）

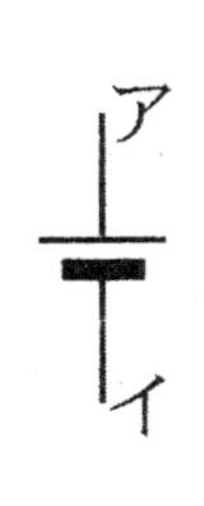

右図のアの電圧はイの電圧より1ボルト（ボルトは電圧の単位で記号はV）高いとします。または、アとイの電圧の差は1Vとも言います。そこで、下図の各記号の間の電圧の差を答えなさい。ただし、下図の電池の種類はすべて右図と同じとします。

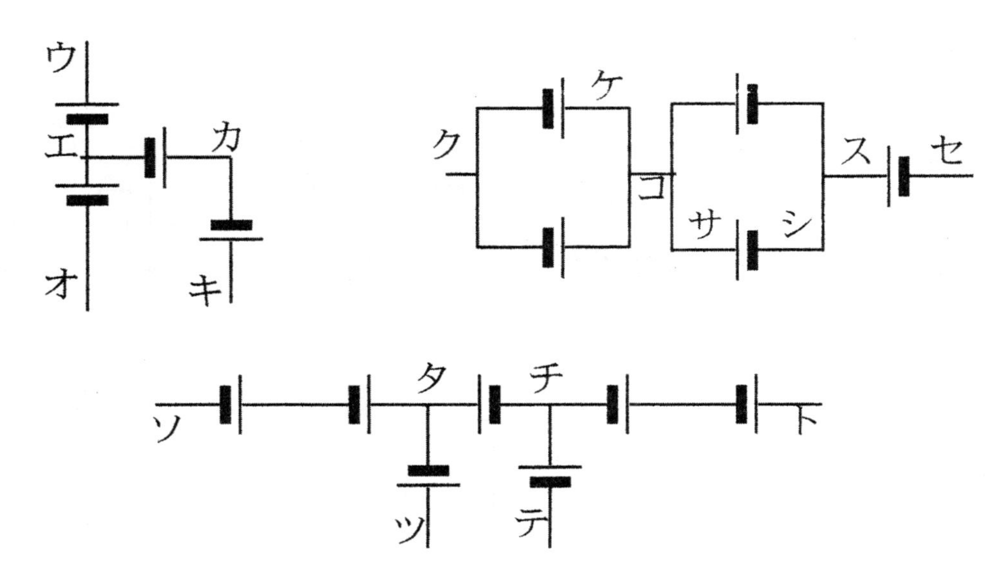

（各10点×10=100点）

①ウとオの電圧の差（　　）V、②ウとキの電圧の差（　　）V

③オとキの電圧の差（　　）V、④ケとサの電圧の差（　　）V

⑤クとシの電圧の差（　　）V、⑥クとセの電圧の差（　　）V

⑦テとトの電圧の差（　　）V、⑧ソとトの電圧の差（　　）V

⑨ツとテの電圧の差（　　）V、⑩ソとテの電圧の差（　　）V

5、電圧の差が大きくなると流れる電流はどうなるか？

電圧の差が1ボルトから2ボルトと大きくなることは、水の場合では水を落とす高さが1メートルから2メートルと大きくなるのと同じです。この場合、流れる電気の量は増えるか減るかを水の場合で想像してみましょう。・・・・・・

どうでしたか。高さの差が増えれば電気の量も増えます。水路でのようすを図にしたのが次の図です。

1mの高さの差があるところで、水車（抵抗）が1個あると流れる水の量は1リットルとして考えます。

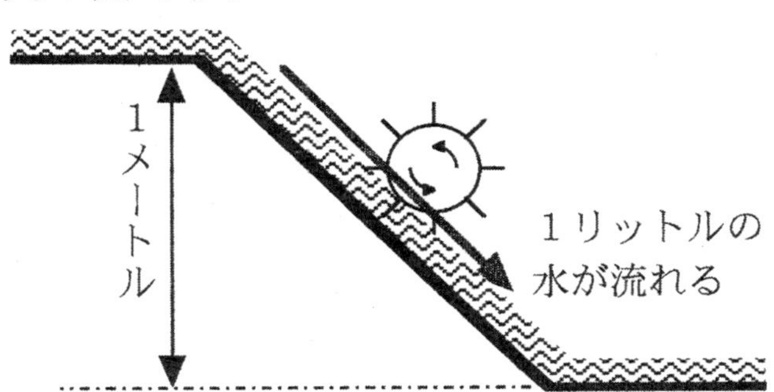

次に電圧と同じはたらきのある高さの差が2メートルになった場合のようすを想像すると次のようになります。

高さの差が1mから2mになると水の流れる勢い（いきおい）は増し、流れる水の量が増えることが想像できますね。電気では、電圧の差が2倍になると、流れる電気の量（電流）も2倍になって2アンペアになります。水の場合では2リットルになるイメージです。

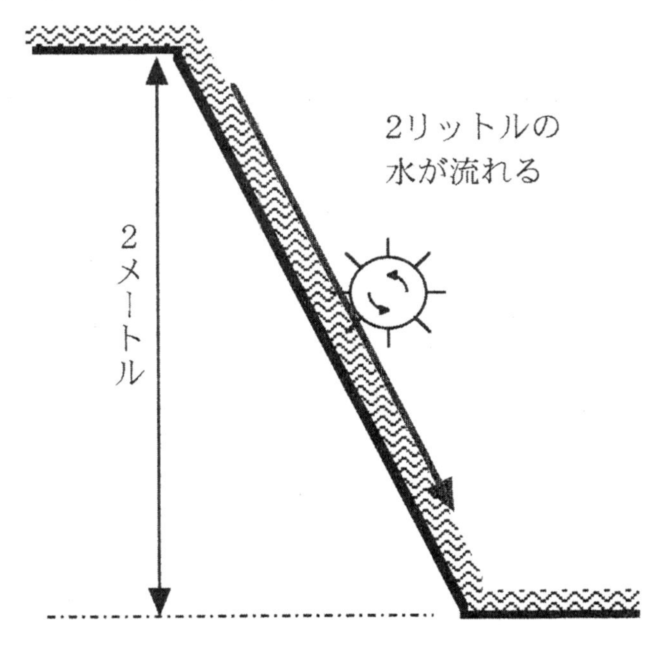

回路の中での電圧の差　　no.1　　月　　日 得点（　　　）

電池とまめ球がある回路でも電圧の差については電池だけの場合と同じです。そのことに注意して次の図の各位置の電圧の差を答なさい。。ただし、右図のまめ球の両端の電圧の差は1Vとします。

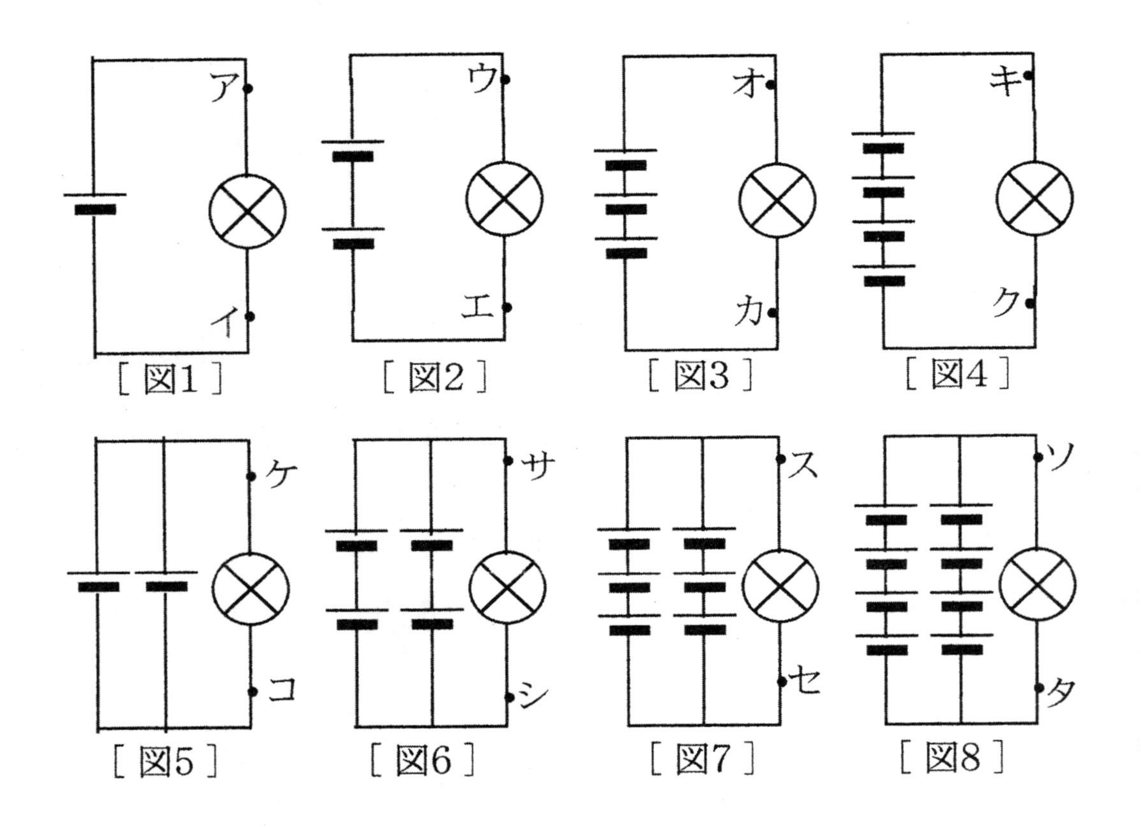

［図1］　［図2］　［図3］　［図4］

［図5］　［図6］　［図7］　［図8］

アイの差(　)V、ウエの差(　)V、オカの差(　)V、キクの差(　)V

ケコの差(　)V、サシの差(　)V、スセの差(　)V、ソタの差(　)V

（アイ、ウエ、オカ、キクは各15点×4=60、
ケコ、サシ、スセ、ソタは各10点×4=40点）

電流は電圧に比例する　　　　no.1　　月　　日 得点（　　　）

まめ球の両端の電圧の差が2倍、3倍、…となると、電流も2倍、3倍、…となる。このことをもとに次のまめ球に流れる電流の大きさを求めなさい。ただし、右図のまめ球の両端の電圧の差は1Vでまめ球に流れる電流を1Aとします。

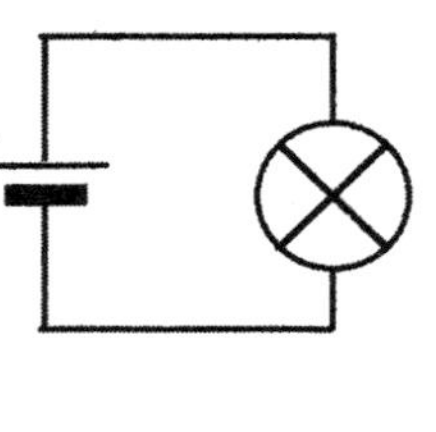

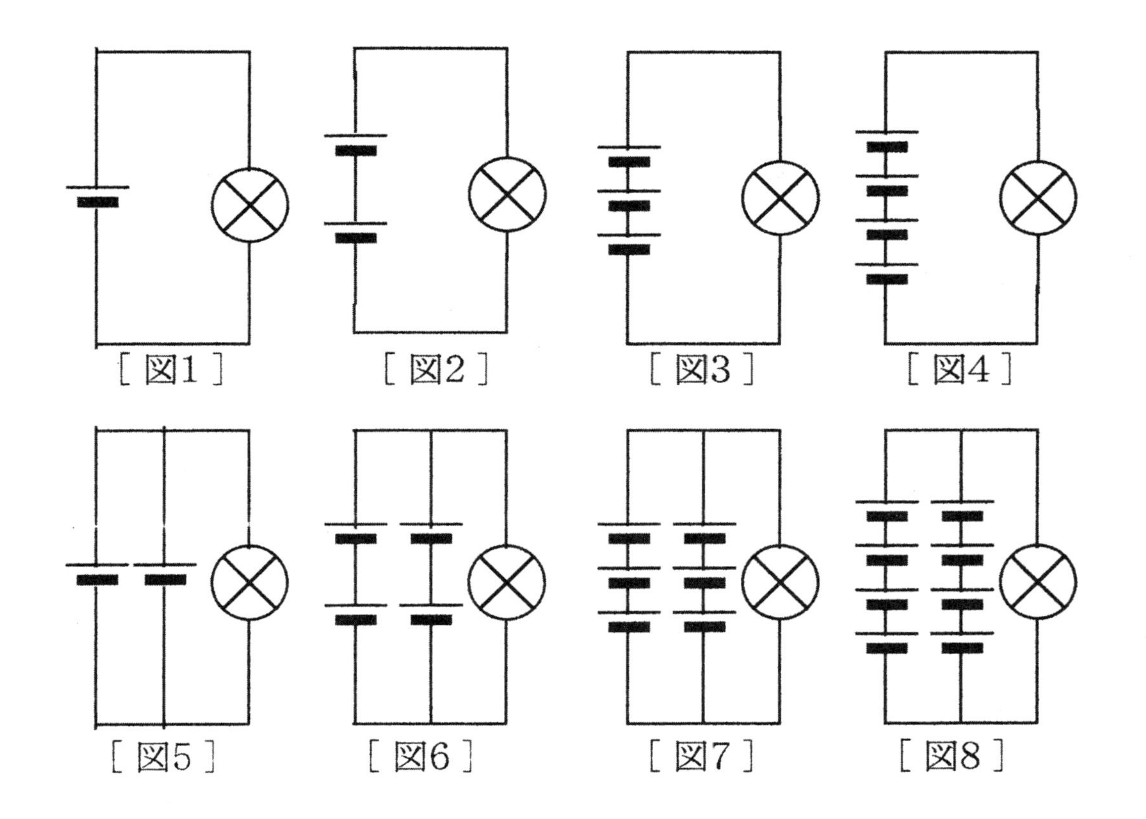

［図1］　　A、［図2］　　A、［図3］　　A、［図4］　　A、

［図5］　　A、［図6］　　A、［図7］　　A、［図8］　　A、

（図1～図2は各20点×2=40、図3～図6は各15点×6=60点）

回路の中での電圧の差　　　no.2　　月　　日 得点（　　　）

電池とまめ球がある回路でも電圧の差については電池だけの場合と同じです。そのことに注意して次の図の各位置の電圧の差を答なさい。ただし、右図のまめ球の両端の電圧の差は1Vとします。

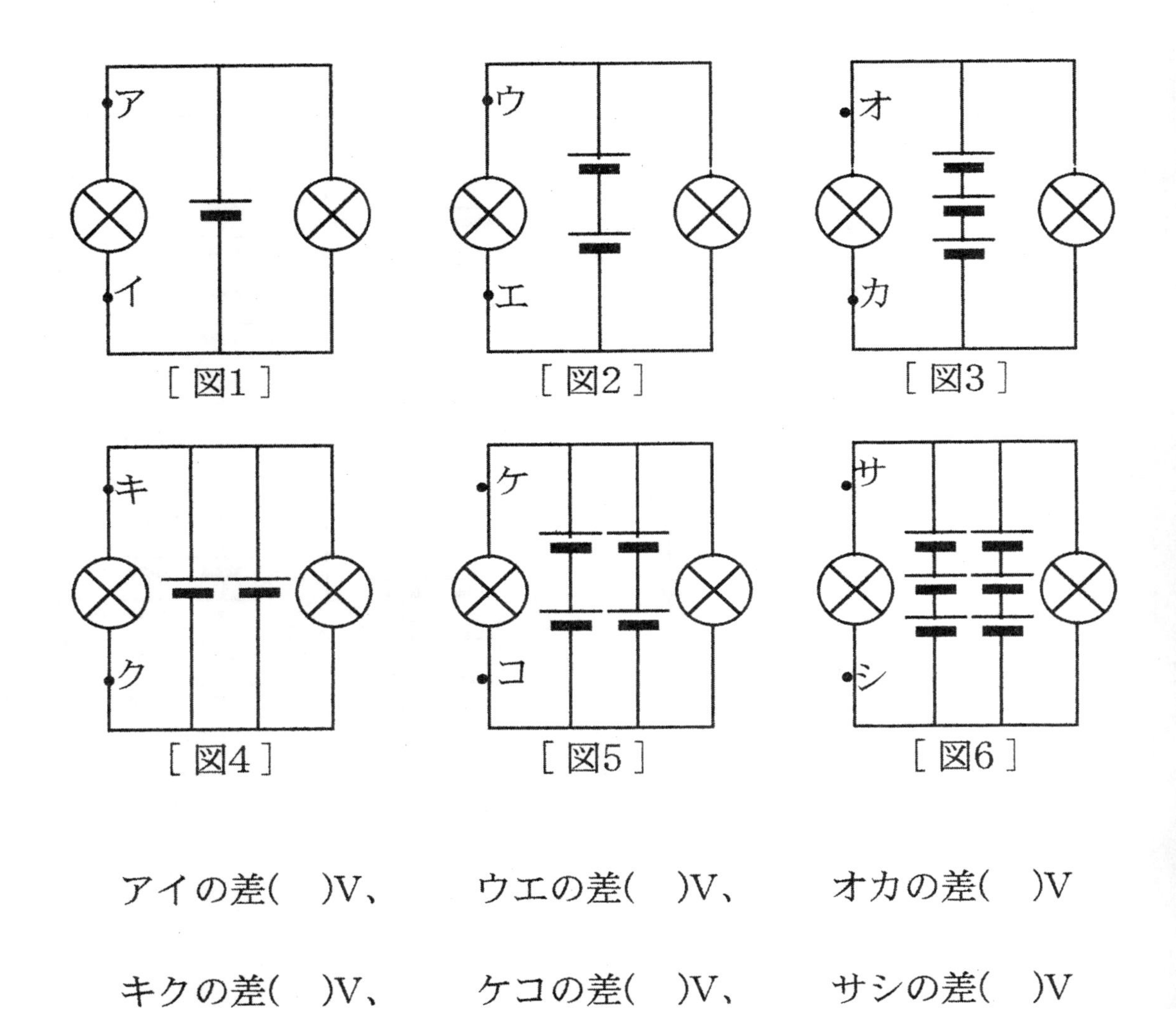

アイの差(　)V、　ウエの差(　)V、　オカの差(　)V

キクの差(　)V、　ケコの差(　)V、　サシの差(　)V

（アイ、ウエは各20点×2=40、
オカ、キク、ケコ、サシは各15点×4=60点）

電流は電圧に比例する　　　no.2　　月　　日 得点（　　　）

　下図の回路にはまめ球が2個ずつあります。それぞれ一つのまめ球に流れる電流の大きさを答えなさい。ただし、右図のまめ球の両端の電圧の差は1Vでまめ球に流れる電流を1Aとします。

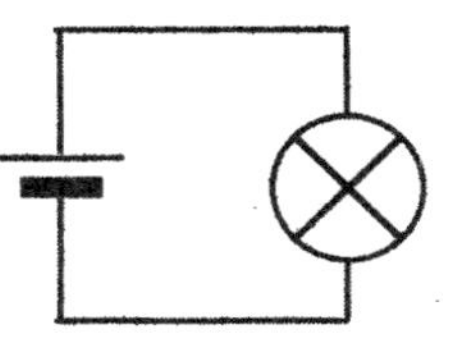

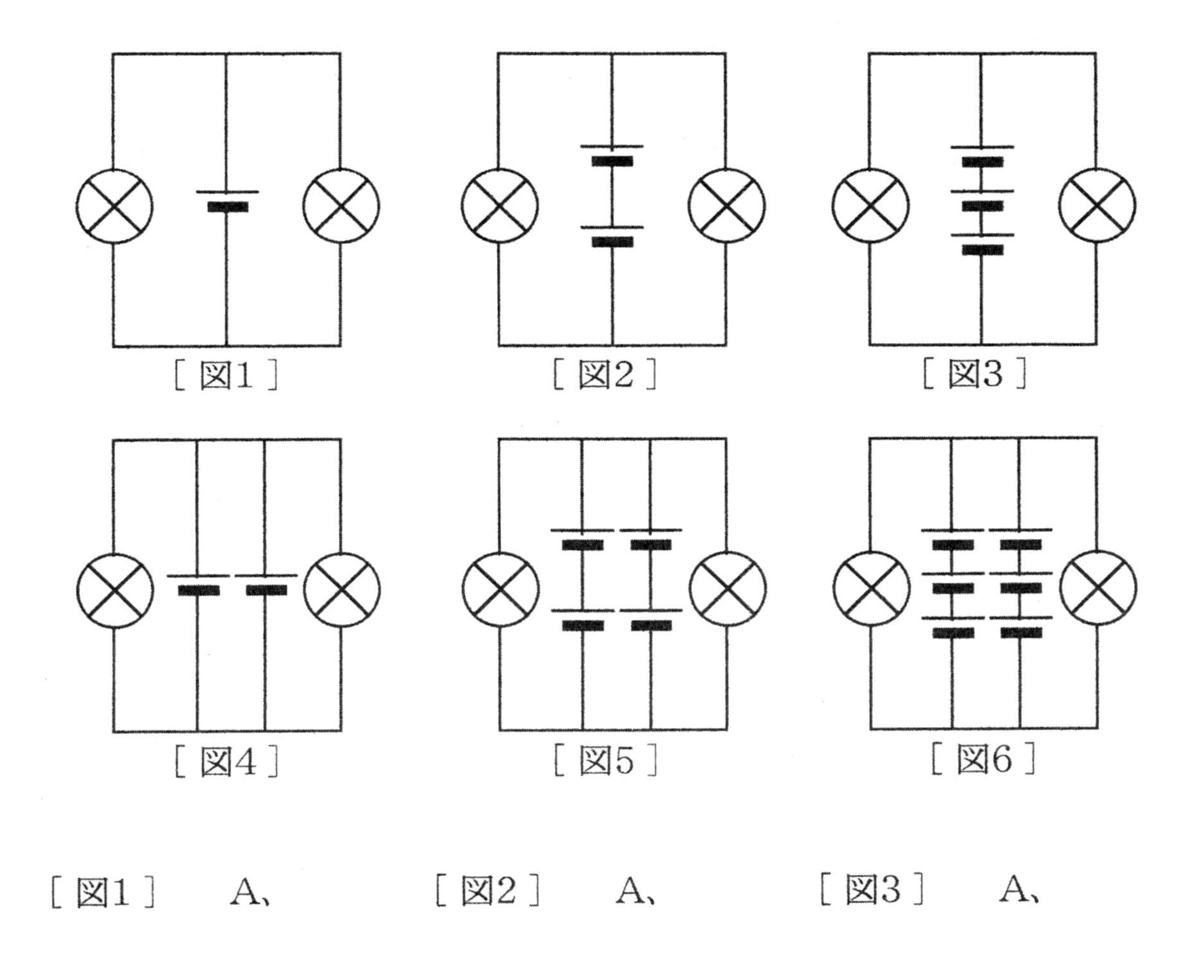

[図1]　　A、　　　[図2]　　A、　　　[図3]　　A、

[図4]　　A、　　　[図5]　　A、　　　[図6]　　A、

（図1～図2は各20点×2=40、図3～図6は各15点×6=60点）

6、抵抗（ていこう）が大きくなると流れる電流はどうなるか？

抵抗が大きくなることは電気回路ではまめ球が1個から直列の2個になるような場合のことです。抵抗とはもともと「じゃまをするもの」と言う意味がある言葉です。その意味で抵抗が大きくなると電流は少なくなるのは当然と言えます。

さて、水路の場合では水車が1個から2個になる場合が抵抗が大きくなる場合にあたります。水路では水車は水の流れをさまたげるはたらきすが、2個並ぶと水の流れは増えるか減るかどちらでしょうか、想像してみましょう。・・・・・・

1mの高さの差があるところで、水車（抵抗）が1個あると流れる水の量は1リットルとして考えます。

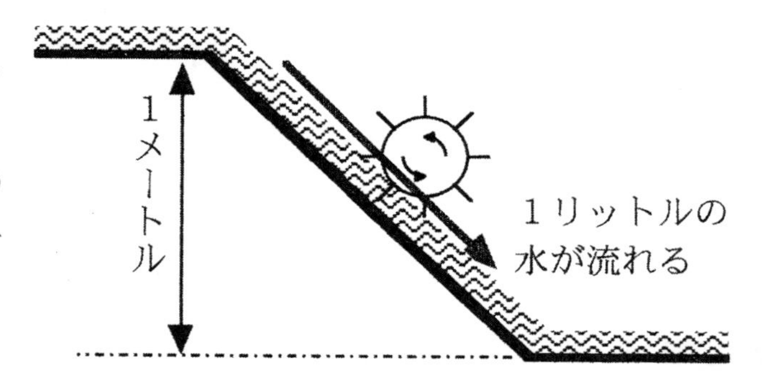

水車（抵抗）が2個になると水が流れにくくなる。電気の場合、抵抗（まめ球）が2個になると流れはもとの$\frac{1}{2}$倍になる。

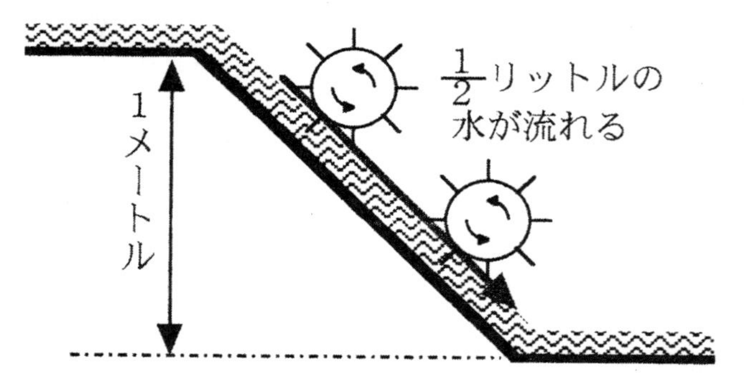

とうぜん、水が流れる量は減ります。電気の場合は半分の$\frac{1}{2}$になるのです。抵抗が2倍、3倍になると電流は$\frac{1}{2}$倍、$\frac{1}{3}$倍になります。

回路の中での電圧の差　　no.3　月　日 得点（　　）

電池とまめ球がある回路でも電圧の差については電池だけの場合と同じです。そのことに注意して次の図の各位置の電圧の差を答なさい。ただし、右図のまめ球の両端の電圧の差は1Vとします。

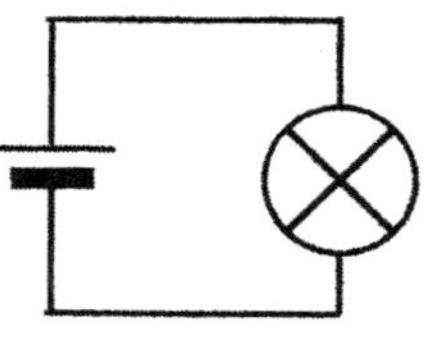

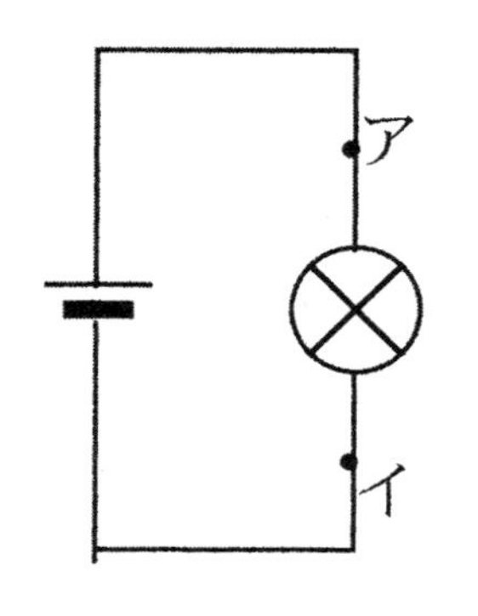

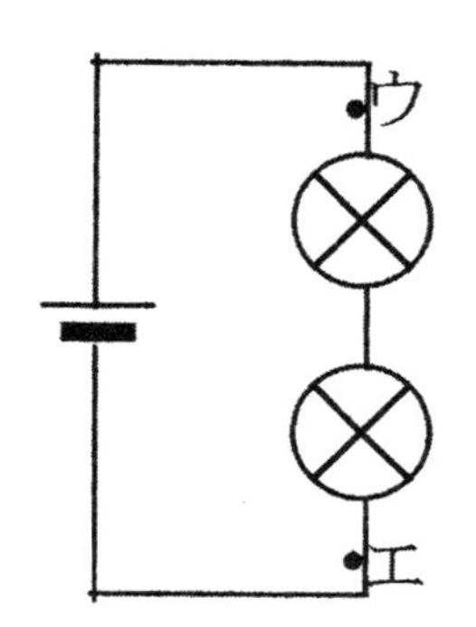

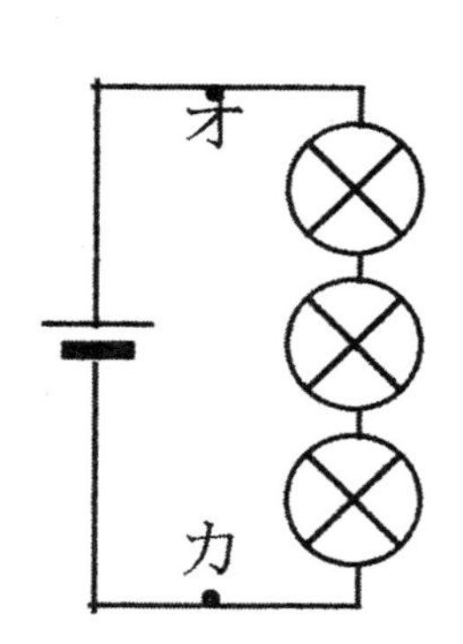

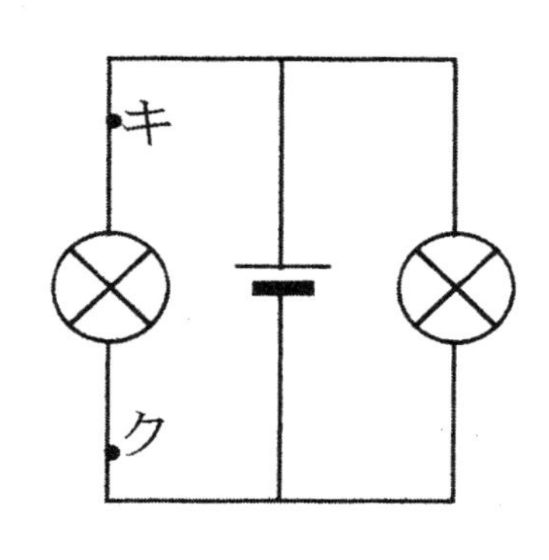

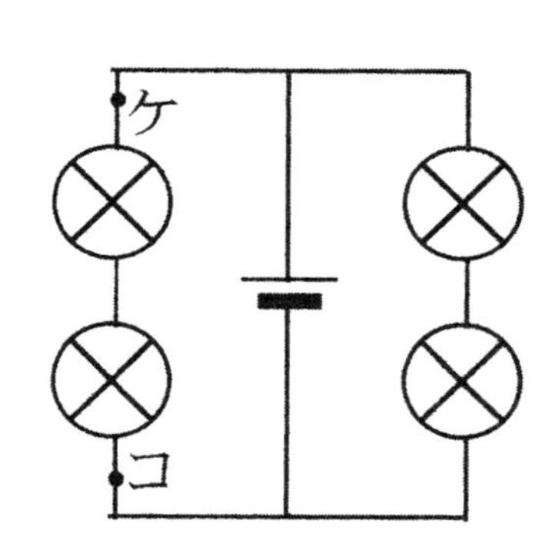

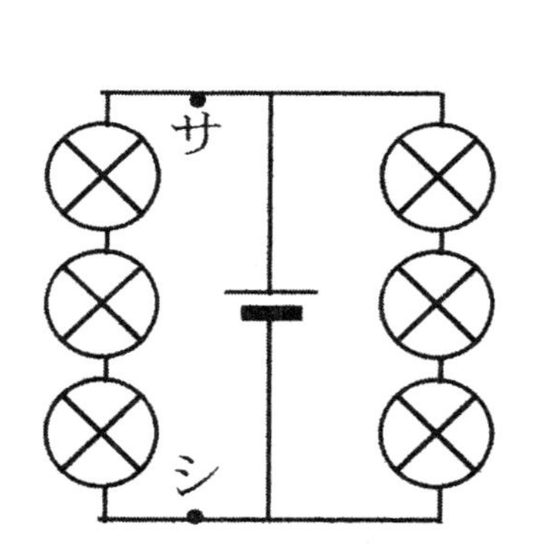

アイの差(　)V、　ウエの差(　)V、　オカの差(　)V

キクの差(　)V、　ケコの差(　)V、　サシの差(　)V

（アイ、ウエは各20点×2=40、
オカ、キク、ケコ、サシは各15点×4=60点）

電流は抵抗に反比例する　　　no.1　　月　　日 得点（　　　）

電圧の差が同じで抵抗が2倍、3倍、…になると、その抵抗に流れる電流の大きさは $\frac{1}{2}$ 倍、$\frac{1}{3}$ 倍、…になる。このことから、下図の回路でまめ球ア～カのまめ球に流れる電流の大きさを求めなさい。ただし、右図のまめ球の両端の電圧の差は1Vでまめ球に流れる電流を1Aとします。

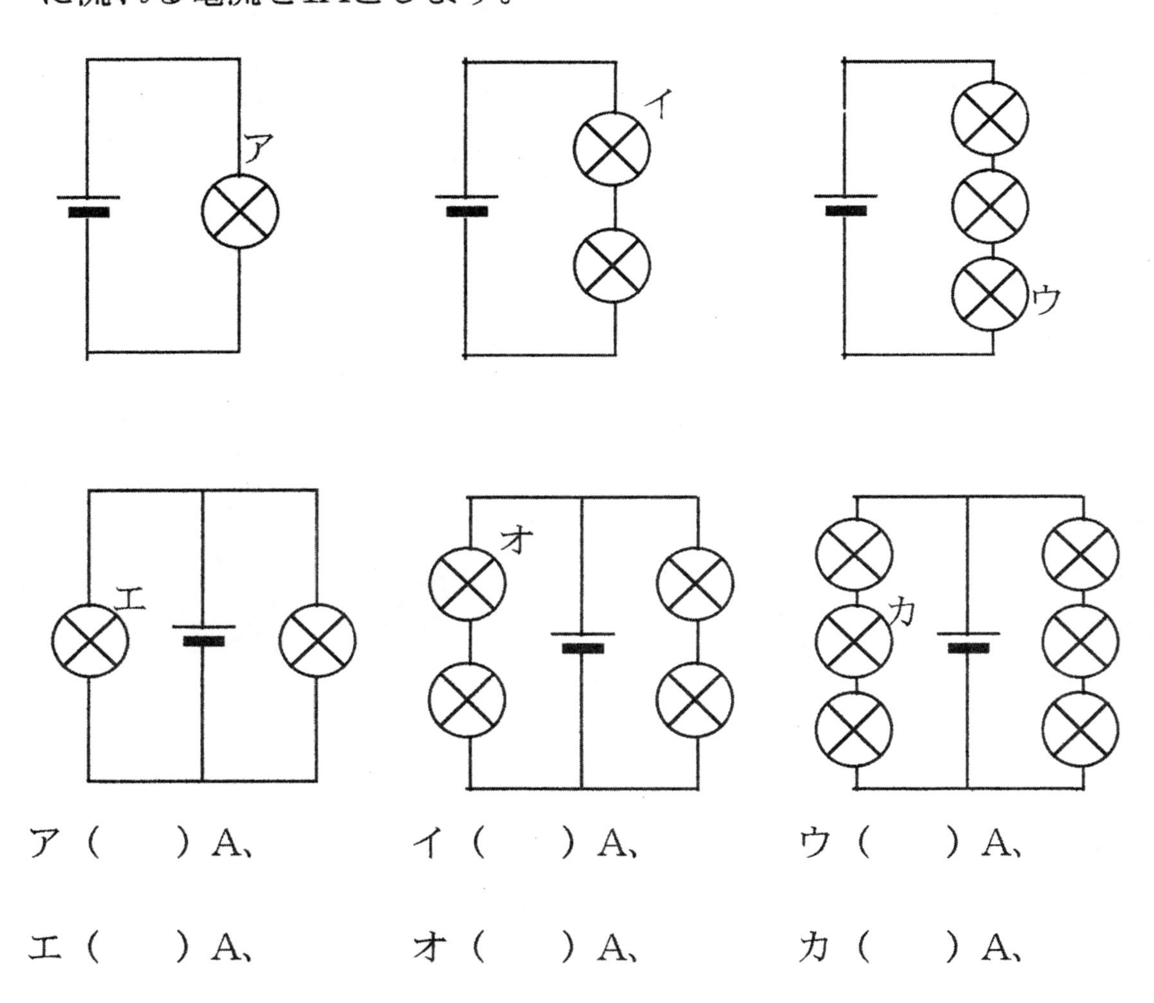

ア（　　）A、　　イ（　　）A、　　ウ（　　）A、

エ（　　）A、　　オ（　　）A、　　カ（　　）A、

（ア～イは各20点×2=40、ウ～カは各15点×6=60点）

7、電圧の差が2倍、抵抗も2倍になると電流は何倍になるか？

まず水の流れのイメージで考えてみよう。高さの差が2倍になると1ℓ×2=2ℓ、次に水車(抵抗)が2倍の2個になると流れは$\frac{1}{2}$倍になるので、2ℓ×$\frac{1}{2}$=1ℓとなる。水車を先に考えても下図のように同じ1ℓになる。

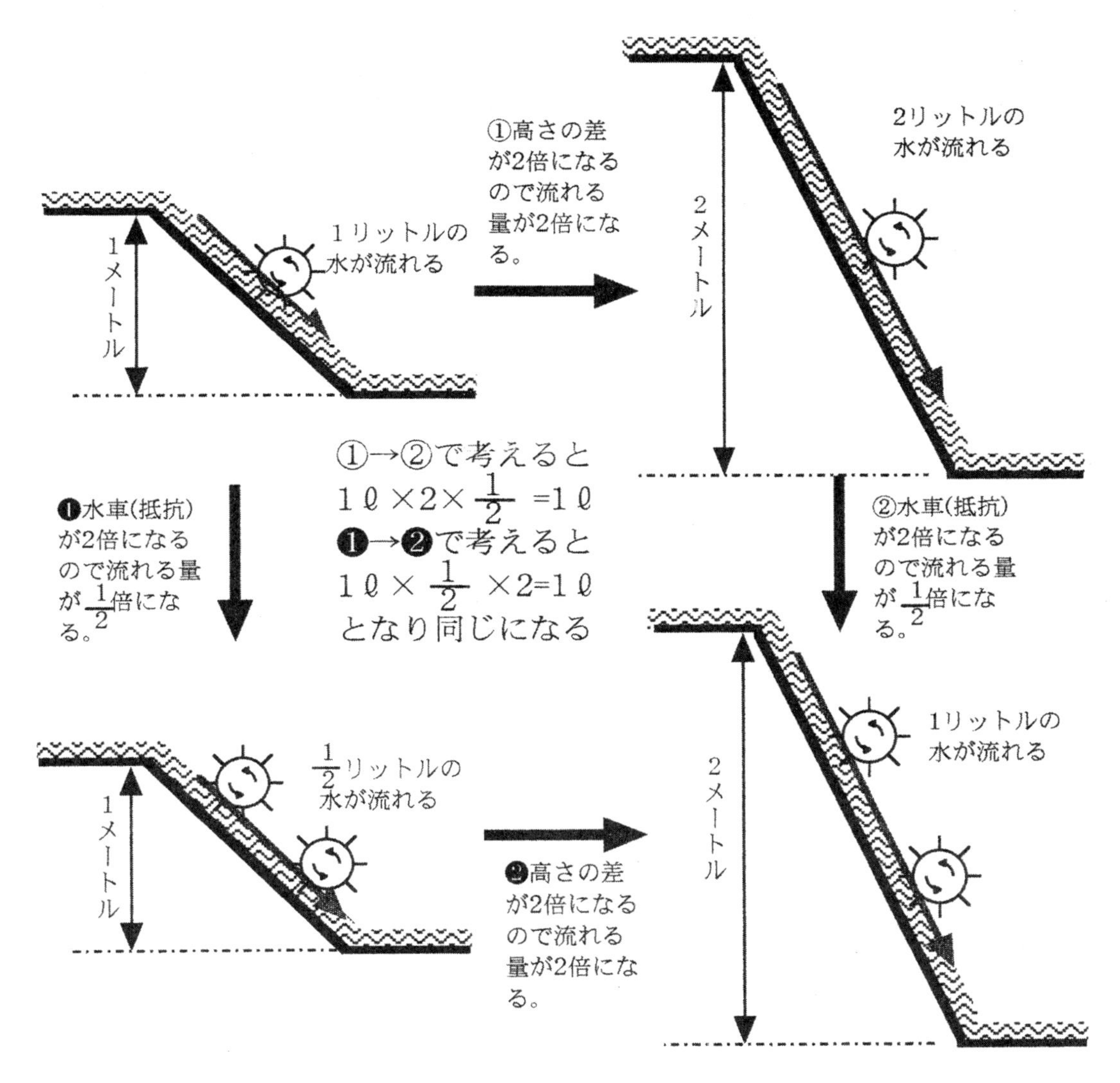

以上のことから、電気の場合も電圧が2倍、抵抗も2倍になると電流は2倍の$\frac{1}{2}$倍になることが理解できます。

［まとめ］抵抗(まめ球)に流れる電流は電圧の差に比例し、抵抗の大きさ(まめ球の個数)に反比例する。

電流の電圧と抵抗との関係　no.1　月　日 得点（　　）

抵抗（まめ球）に流れる電流は、抵抗の両端の電圧の差に比例し、抵抗の大きさに反比例する。このことをもとに次のまめ球に流れる電流の大きさを求めなさい。ただし、［図1］の抵抗（まめ球）に流れる電流を1アンペア（記号はA)とします。（イ～オは各15点、他は各10点）

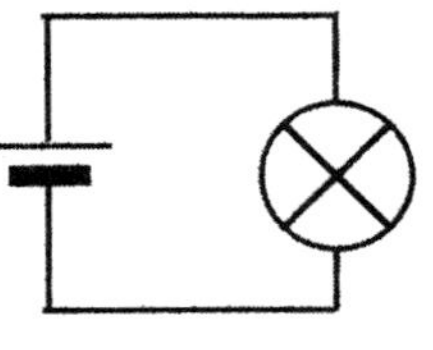

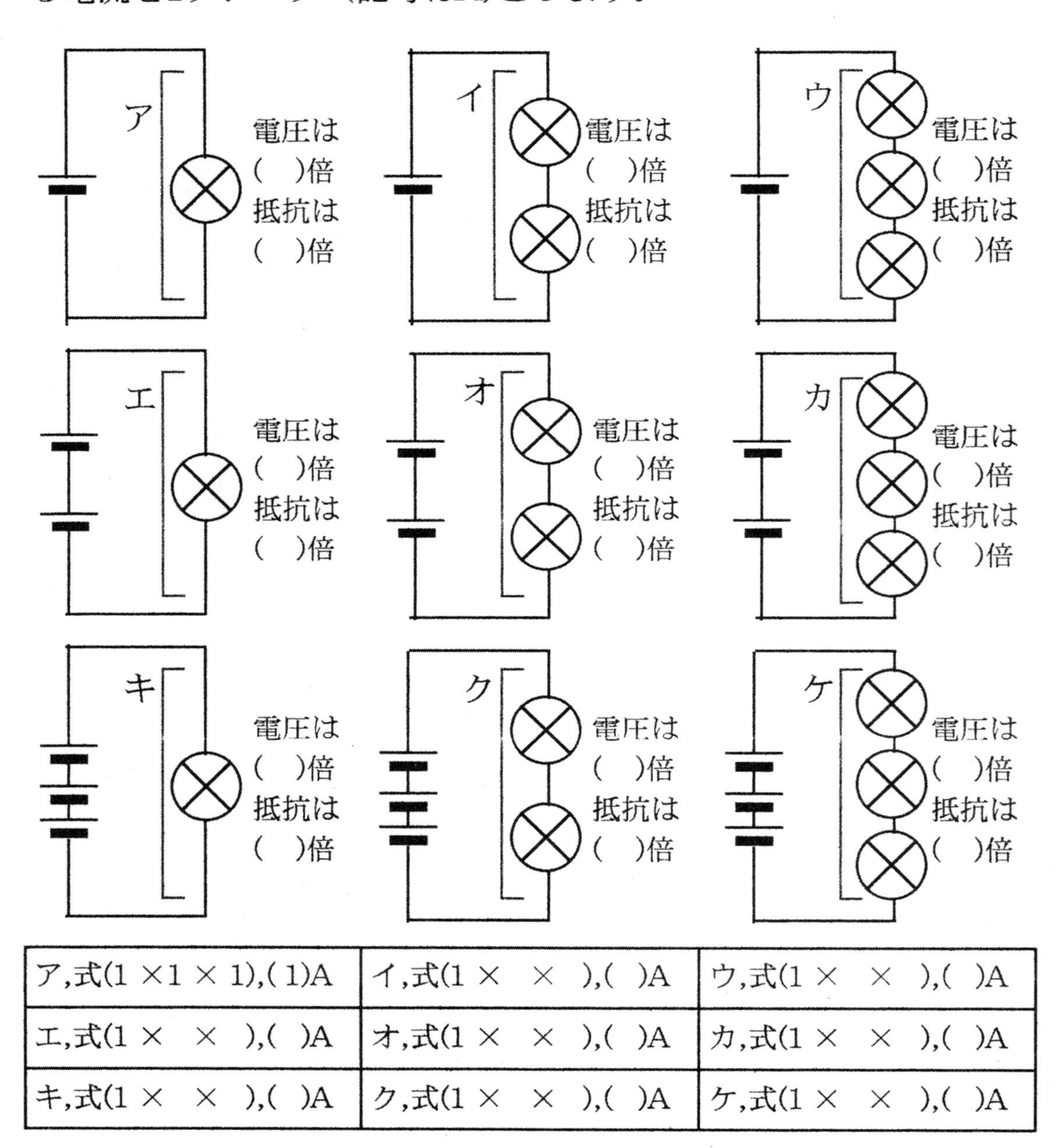

ア,式(1 ×1 × 1),(1)A	イ,式(1 ×　×　),(　)A	ウ,式(1 ×　×　),(　)A
エ,式(1 ×　×　),(　)A	オ,式(1 ×　×　),(　)A	カ,式(1 ×　×　),(　)A
キ,式(1 ×　×　),(　)A	ク,式(1 ×　×　),(　)A	ケ,式(1 ×　×　),(　)A

回路の中での電圧の差　　　　no.4　　月　　日 得点（　　　）

電池とまめ球がある回路でも電圧の差については電池だけの場合と同じです。そのことに注意して次の図の各位置の電圧の差を答なさい。ただし、右図のまめ球の両端（りょうたん）の電圧の差は1Vとします。

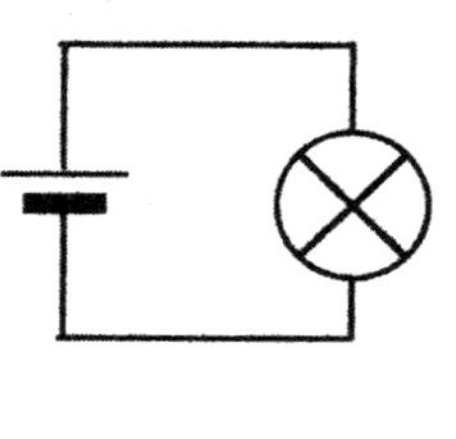

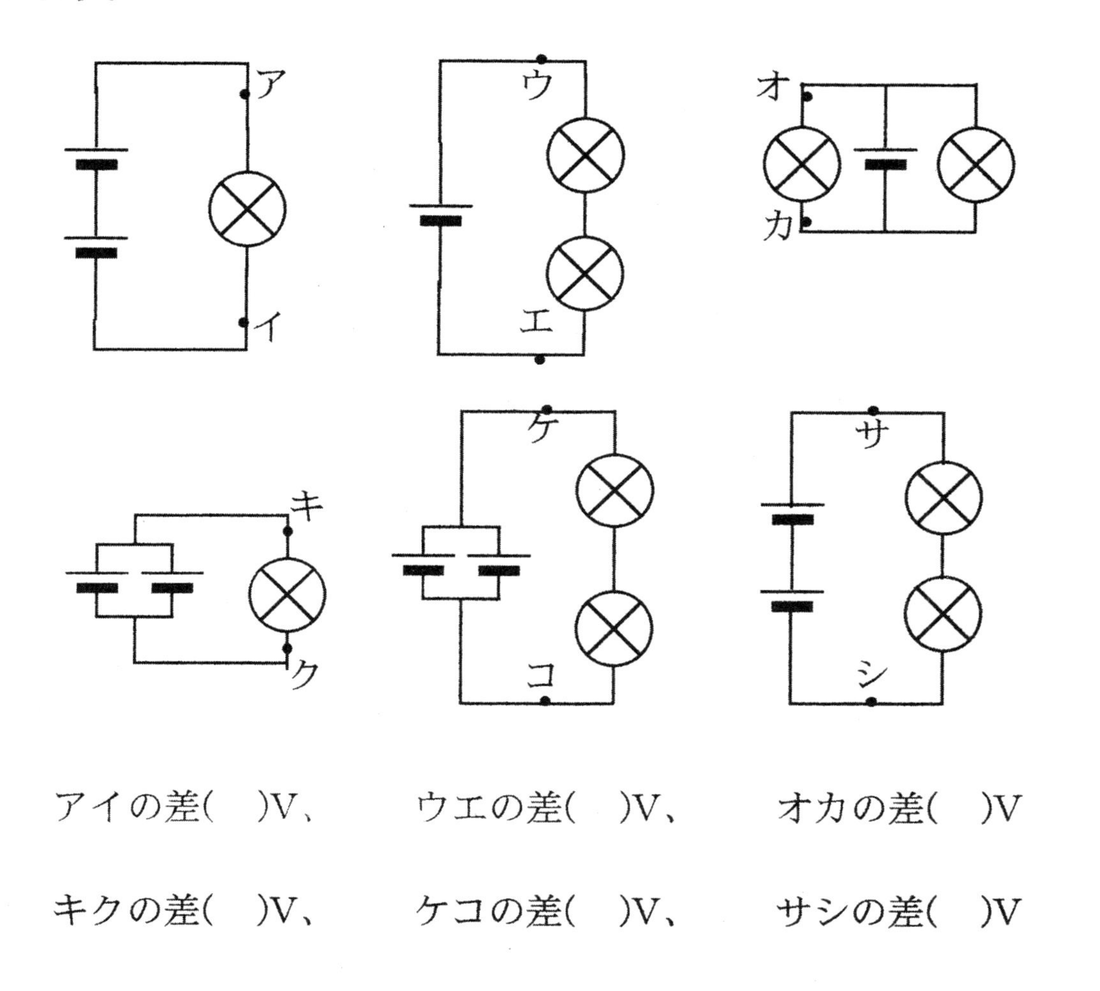

アイの差(　)V、　ウエの差(　)V、　オカの差(　)V

キクの差(　)V、　ケコの差(　)V、　サシの差(　)V

（アイ、ウエは各20点×2=40、
　オカ、キク、ケコ、サシは各15点×4=60点）

電流の電圧と抵抗との関係　no.2　月　日 得点（　　）

次のアからコのまめ球に流れる電流の大きさを求めなさい。ただし、[図1]のまめ球に流れる電流の大きさを1アンペア（記号はA）とします。

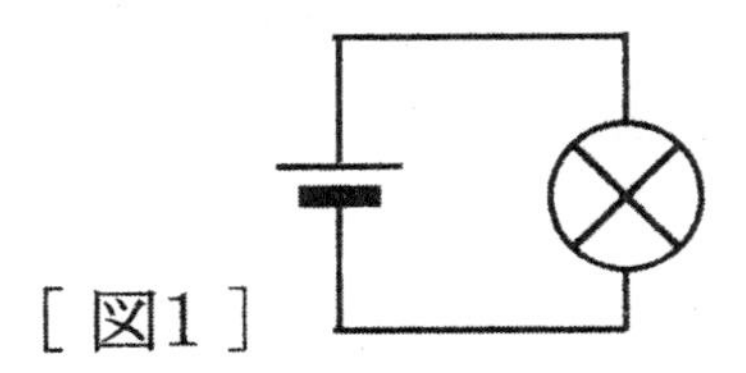
[図1]

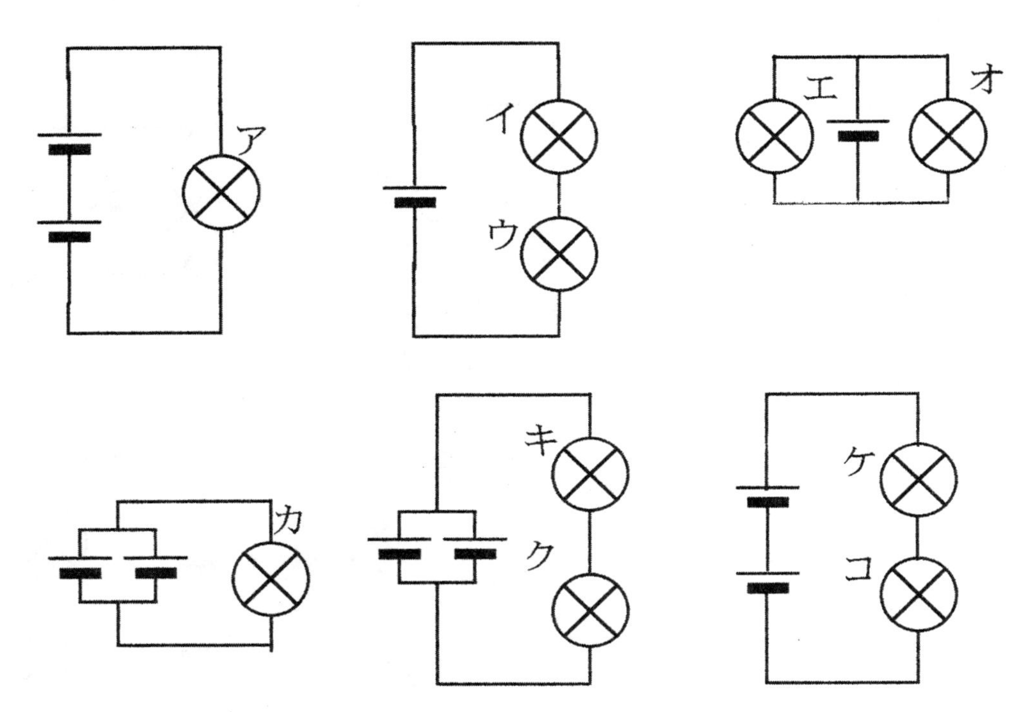

ア：式(1 ×　　×　　),(　　)A	イ：式(1 ×　　×　　),(　　)A
ウ：式(1 ×　　×　　),(　　)A	エ：式(1 ×　　×　　),(　　)A
オ：式(1 ×　　×　　),(　　)A	カ：式(1 ×　　×　　),(　　)A
キ：式(1 ×　　×　　),(　　)A	ク：式(1 ×　　×　　),(　　)A
ケ：式(1 ×　　×　　),(　　)A	コ：式(1 ×　　×　　),(　　)A

（各10点×10=100点）

電流の電圧と抵抗との関係　　no.3　　月　　日　得点（　　　）

　次のアからコのまめ球に流れる電流の大きさを求めなさい。ただし、［図1］のまめ球に流れる電流の大きさを20ミリアンペア（記号はmA）とします。

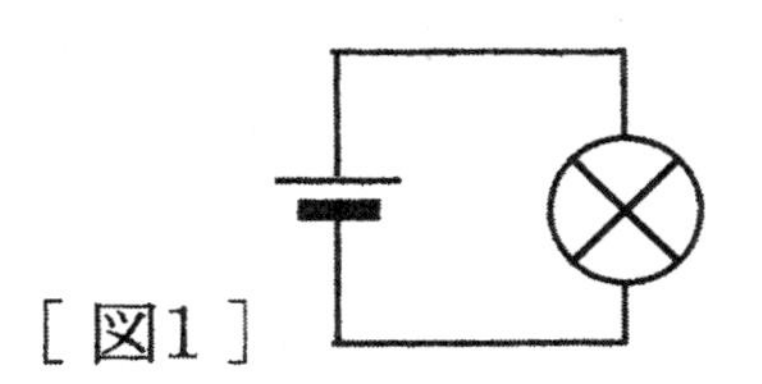

［図1］

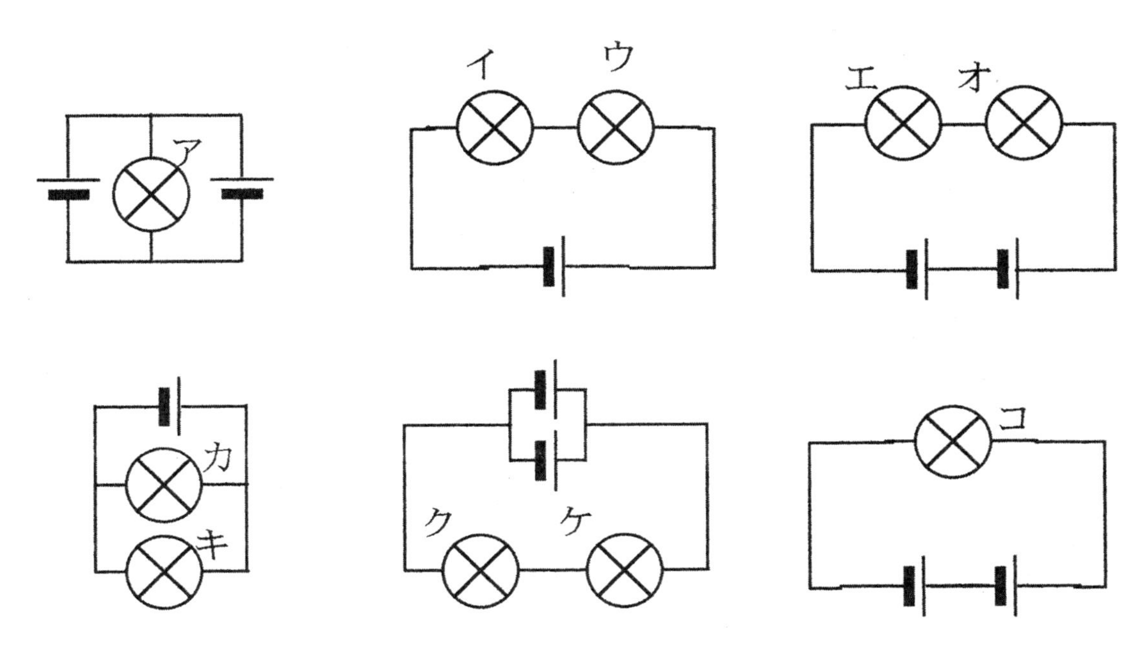

ア：(20mA×　　×　　),(　　)mA	イ：(20mA×　　×　　),(　　)mA
ウ：(20mA×　　×　　),(　　)mA	エ：(20mA×　　×　　),(　　)mA
オ：(20mA×　　×　　),(　　)mA	カ：(20mA×　　×　　),(　　)mA
キ：(20mA×　　×　　),(　　)mA	ク：(20mA×　　×　　),(　　)mA
ケ：(20mA×　　×　　),(　　)mA	コ：(20mA×　　×　　),(　　)mA

（各10点×10=100点）

電流の電圧と抵抗との関係　no.4　月　日 得点（　　）

次の①～⑩の場合、まめ球1個に流れる電流は何アンペアですか。まめ球と電池はすべて同じ種類のものです。ただし、右図のまめ球の両端の電圧の差は1Vでまめ球に流れる電流を1Aとします。

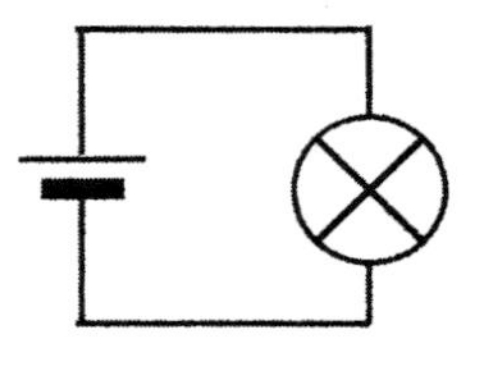

例、ウとA・オとBをつなぐ→まめ球1個に（　2　）A流れる

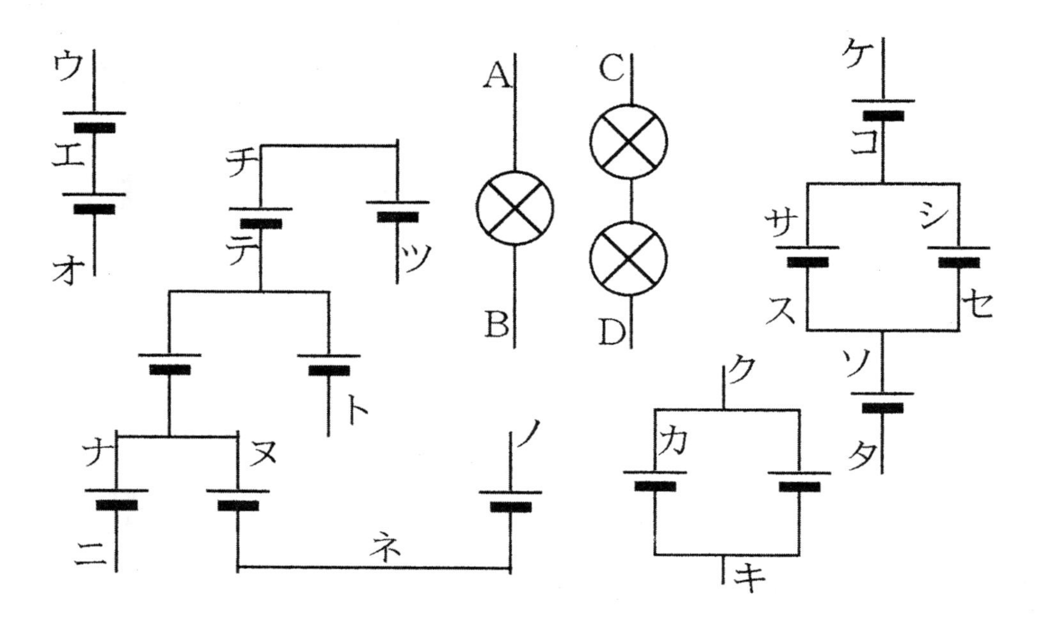

①、ウとC・オとDをつなぐ→まめ球1個に（　　）A流れる
②、テとC・トとDをつなぐ→まめ球1個に（　　）A流れる
③、チとA・ネとBをつなぐ→まめ球1個に（　　）A流れる
④、ナとA・ノとBをつなぐ→まめ球1個に（　　）A流れる
⑤、ケとC・タとDをつなぐ→まめ球1個に（　　）A流れる
⑥、サとA・セとBをつなぐ→まめ球1個に（　　）A流れる
⑦、コとA・タとBをつなぐ→まめ球1個に（　　）A流れる
⑧、クとC・キとDをつなぐ→まめ球1個に（　　）A流れる
⑨、スとC・セとDをつなぐ→まめ球1個に（　　）A流れる
⑩、ツとA・ニとBをつなぐ→まめ球1個に（　　）A流れる

（各10点×10=100点）

8、電流の流れ方の解説1

一本道の法則

回路の一部が一本道の場合、その部分ではどこでも電流は同じである。

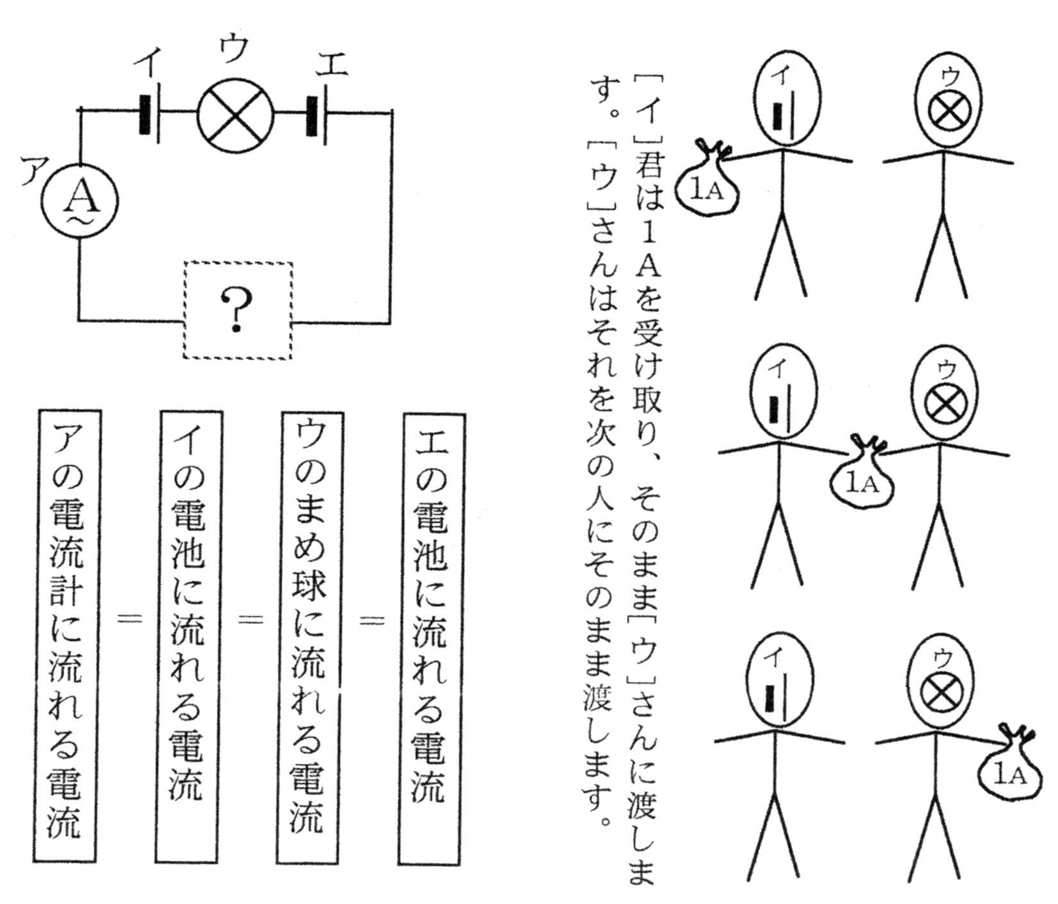

分かれ道の法則

道が分かれているところでは下図のように、その分かれるところに流れ入ってくる量の和と出て行く量の和は等しくなります。

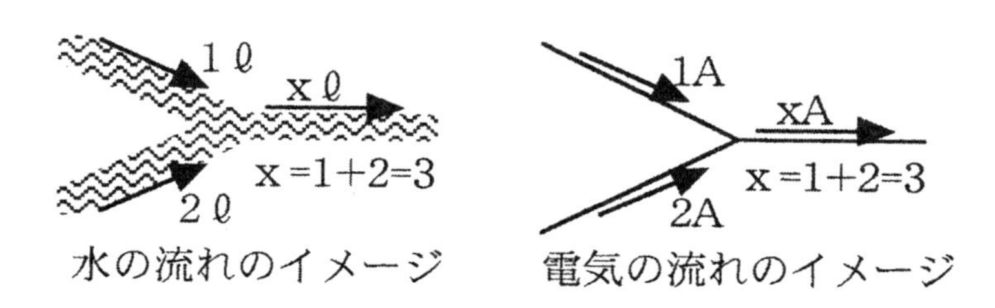

次の各図は電気回路の一部を示しています。次のアからコの導線の点やまめ球・電池に流れる電流を求めなさい。

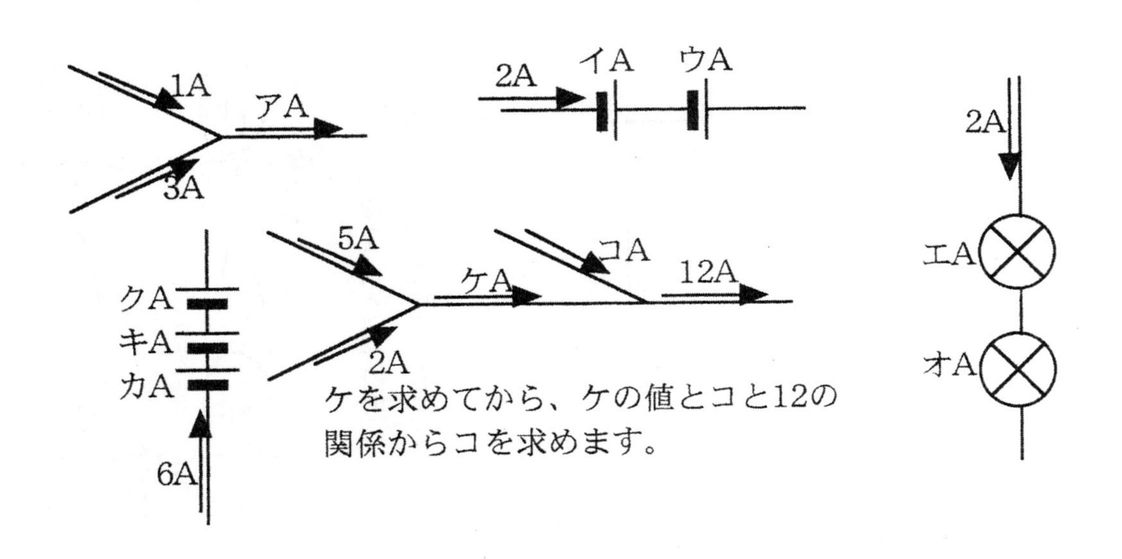

ア（　　　）A、　イ（　　　）A、　ウ（　　　）A

エ（　　　）A、　オ（　　　）A、　カ（　　　）A

キ（　　　）A、　ク（　　　）A、　ケ（　　　）A

コ（　　　）A　　　　　　　　　　（各10点×10=100点）

次の各図は電気回路の一部を示しています。次のアからコの電流計・まめ球・抵抗器・電池に流れる電流を求めなさい。

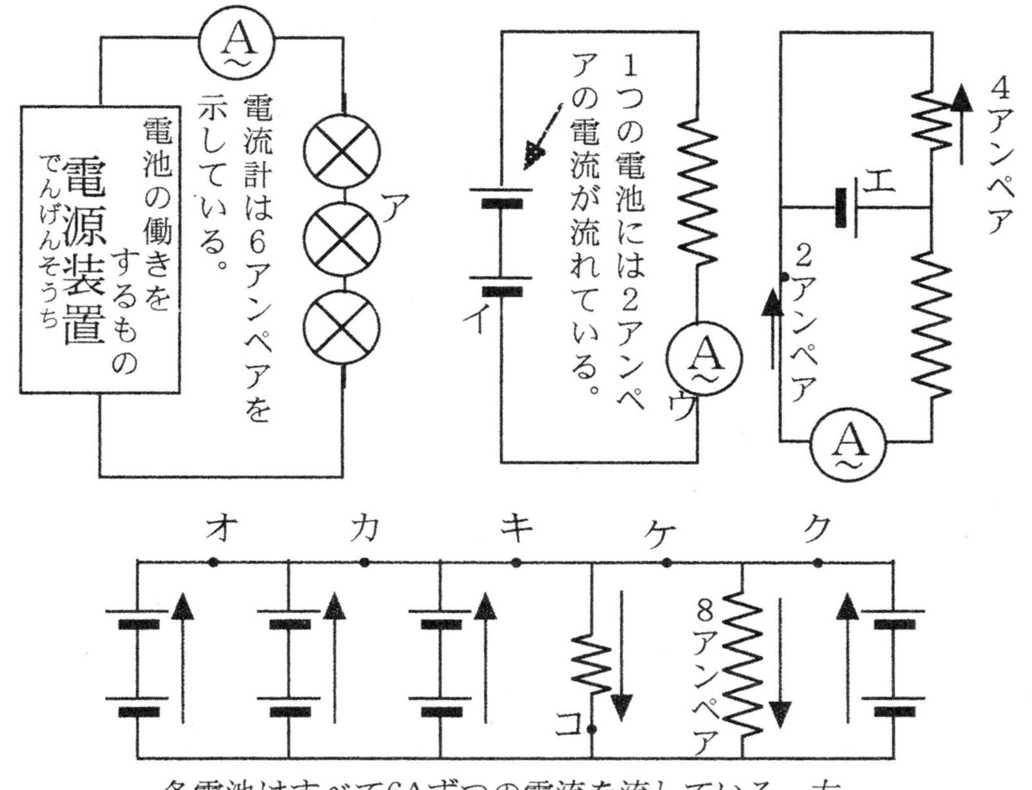

ア（　　　）A、　イ（　　　）A、　ウ（　　　）A

エ（　　　）A、　オ（　　　）A、　カ（　　　）A

キ（　　　）A、　ク（　　　）A、　ケ（　　　）A

コ（　　　）A　　　　　　　　　（各10点×10=100点）

電流の流れ方１　　　　　　　　no.3　　月　　日　得点（　　　）

下図のア～コの電池やまめ球に流れる電流は何アンペアですか。まめ球と電池はすべて同じ種類のものです。ただし、右図のまめ球の両端の電圧の差は1Vでまめ球に流れる電流を1Aとします。

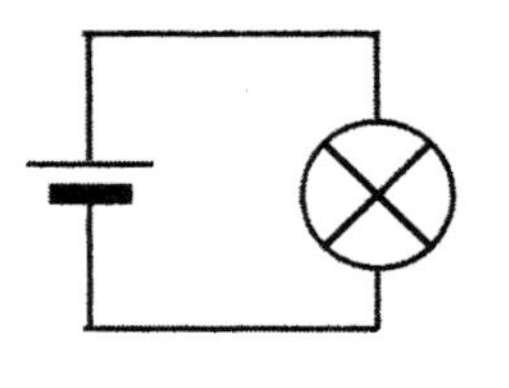

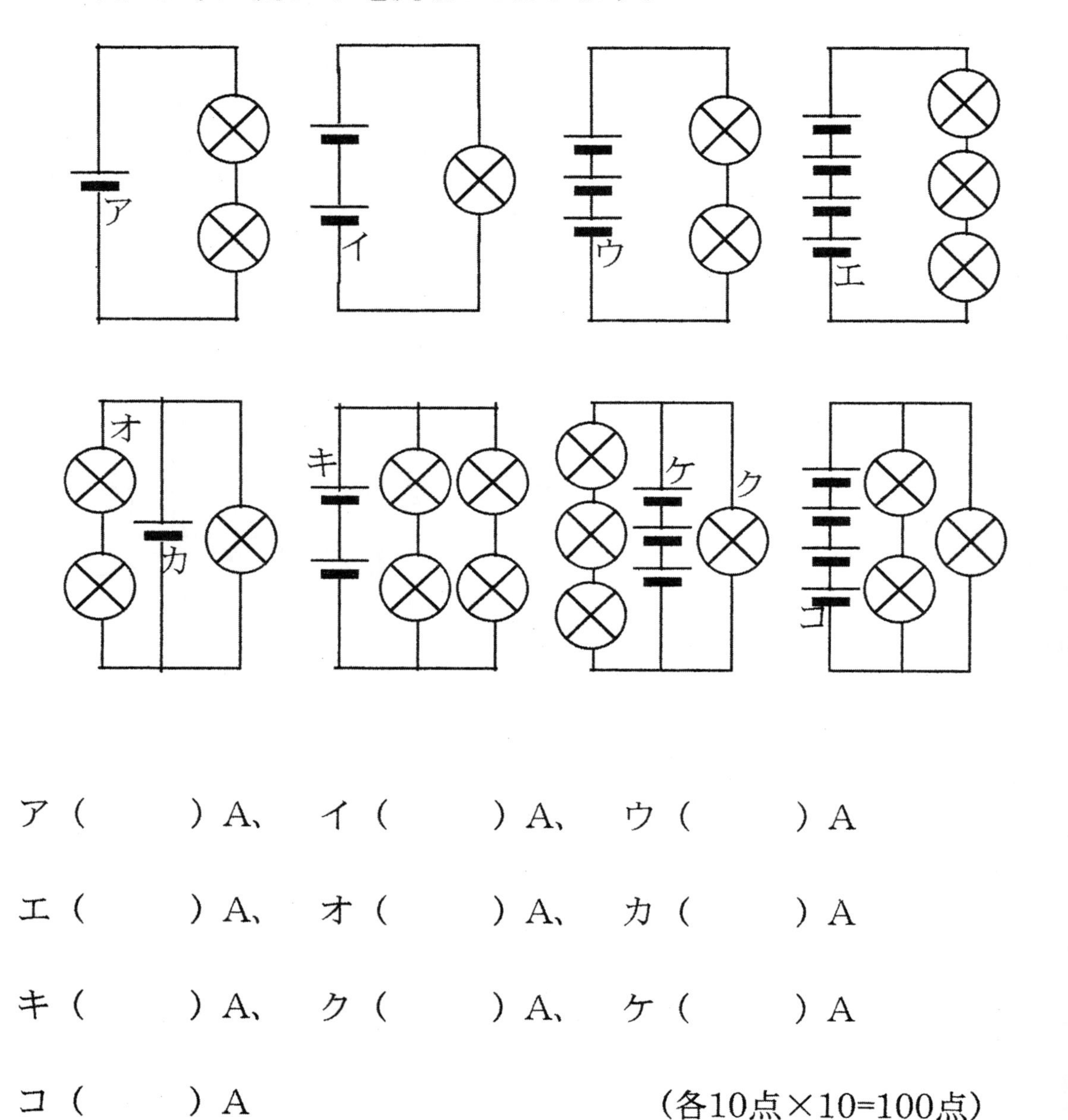

ア（　　　）A、　イ（　　　）A、　ウ（　　　）A

エ（　　　）A、　オ（　　　）A、　カ（　　　）A

キ（　　　）A、　ク（　　　）A、　ケ（　　　）A

コ（　　　）A　　　　　　　　　　（各10点×10=100点）

電流の流れ方の解説2

並列電池の協力法則

並列の電池がある場合にはその並列の電池はそれぞれ同じ電流を流します。これを別な言い方をすると、その回路の抵抗（まめ球や抵抗器）に流す電流の全体を並列の電池が協力して流します。

アイウの電池が協力して6アンペアの電流を流しますので、それぞれが6÷3=2アンペアとなります。エオは同様にそれぞれ3アンペアになります。

アイウはそれぞれ
[　　]÷[　　]=[　　]A

エオはそれぞれ
[　　]÷[　　]=[　　]A

[　　]に数を書き入れて式を完成しなさい。

直列と並列の区別

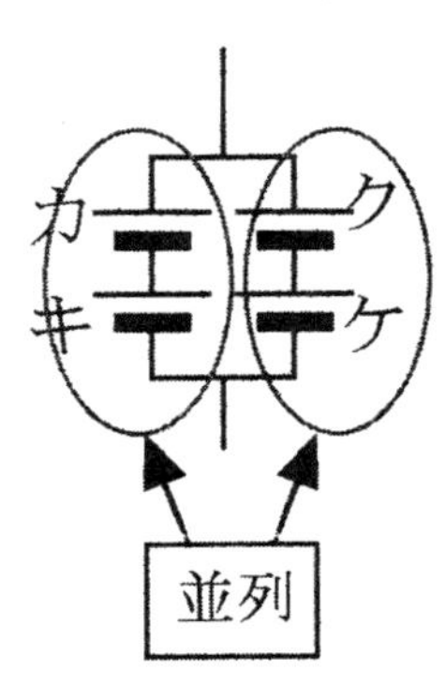

左図でカとキの関係は直列ですが、[カキ]と[クケ]をの関係は並列です。ですから、並列の法則を右図の回路で考える場合は[カキ]と[クケ]が協力して6アンペアの電流を流します。ですから[カキ]と[クケ]の道には3アンペアずつが流れます。次に[カキ]の道には一本道の法則が当てはまりカとキはそれぞれ同じ3アンペアが流れます。

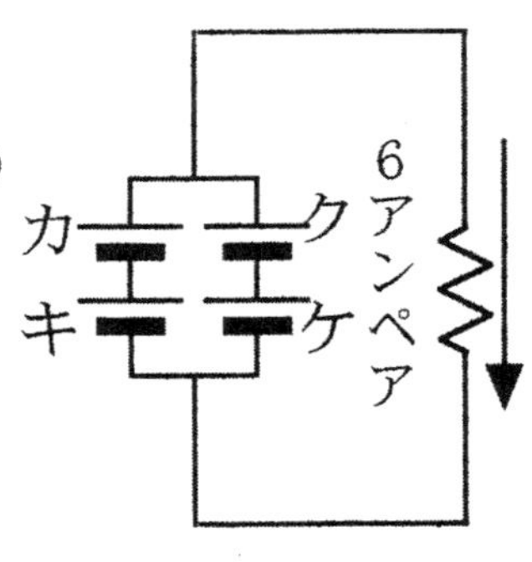

［答］ アイウはそれぞれ [6]÷[3]=[2]A　　エオはそれぞれ [6]÷[2]=[3]A

電流の流れ方2　　　　　　no.1　　月　　日 得点（　　　）

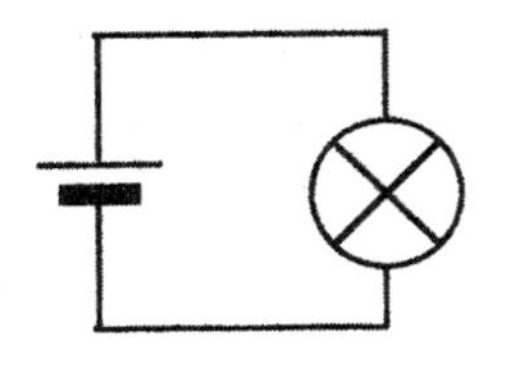

下図のア～コの電池やまめ球に流れる電流は何アンペアですか。まめ球と電池はすべて同じ種類のものです。ただし、右図のまめ球の両端の電圧の差は1Vでまめ球に流れる電流を1Aとします。

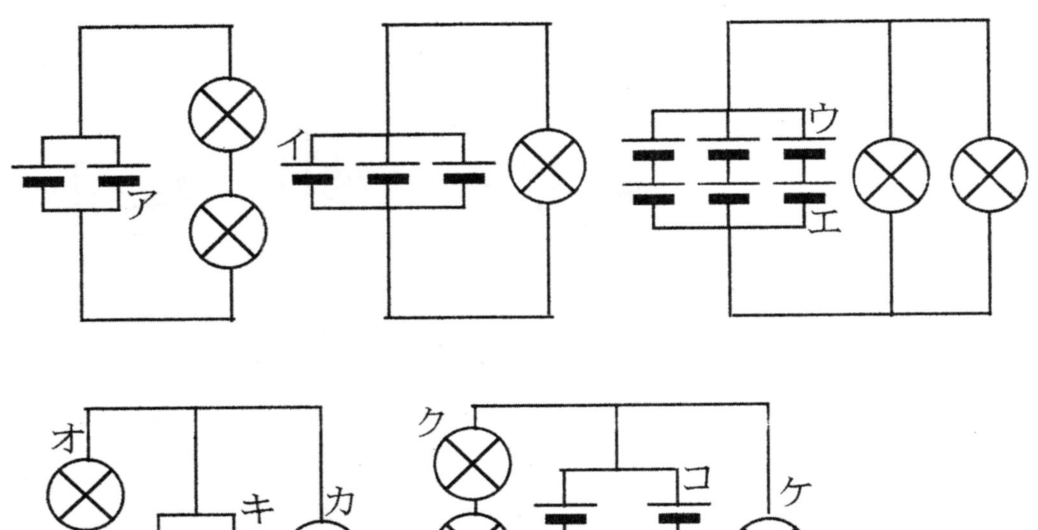

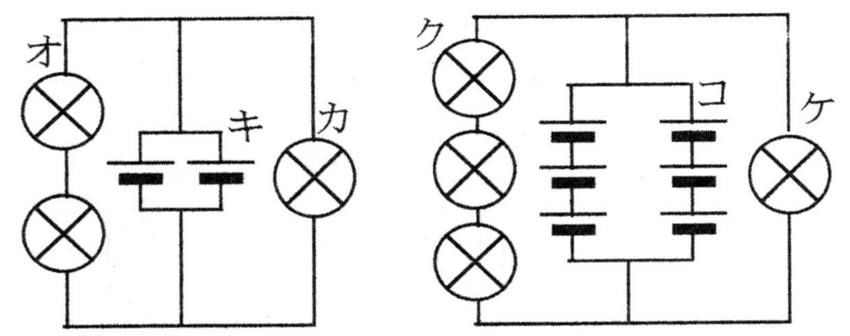

ア（　　　）A、　イ（　　　）A、　ウ（　　　）A

エ（　　　）A、　オ（　　　）A、　カ（　　　）A

キ（　　　）A、　ク（　　　）A、　ケ（　　　）A

コ（　　　）A　　　　　　　　　　（各10点×10=100点）

電流の流れ方の解説2の続き

並列の電池の見分け方その1

［図1］の3個の電池の電圧の高さは3個とも同じで、マイナス側のイエカを0ボルトの高さとすると、プラス側のアウオの高さは1ボルトです。（電池は全て1ボルトと考えます）　［図2］の並列の3個の電池の電圧の高さも［図1］と同じで、マイナス側のクコシを0ボルトの高さとすると、プラス側のキケサの高さは1ボルトです。このことから、［図1］の3個の電池は［図2］の3個の電池と同じように並列であると分かります。

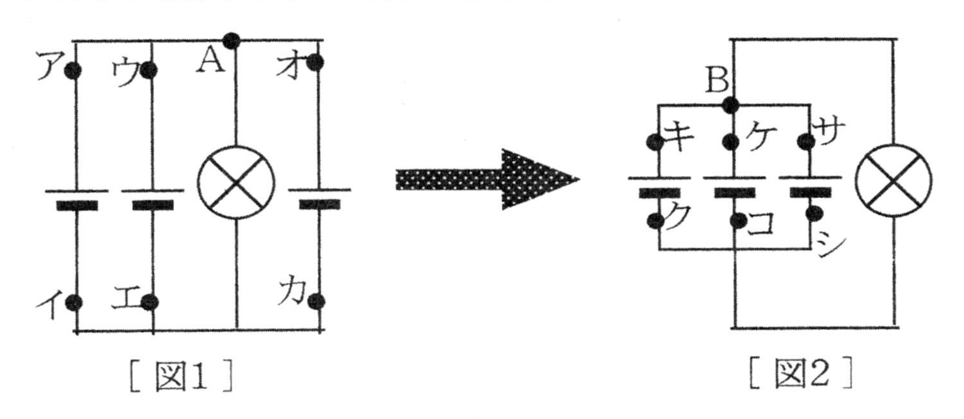

［図1］　　［図2］

並列の電池の見分け方その2

［図1］の3個の電池のプラス側アウオの3本の導線はA点で一本になってまめ球につながります。このつながり方は［図2］の3個の電池のプラス側キケサがB点で一本になってまめ球につながっているのと同じです。このことから、［図1］の3個の電池は［図2］の3個の電池と同じように並列であると分かります。

［図1］のような回路図の並列電池に流れる電流

［図1］の回路図と［図2］の回路図はまったく同じ電流の流れ方になります。言いかえると、［図1］の3個の電池は並列なので協力して等しい電流を流します。まめ球には1アンペアの電流が流れているので、電池には$1 \div 3 = \frac{1}{3}$アンペアの電流が流れます。

電流の流れ方2　　　　　　　no.2　　月　　日 得点（　　　）

下図のア～セの電池・まめ球・導線に流れる電流は何アンペアですか。まめ球と電池はすべて同じ種類のものです。ただし、右図のまめ球の両端の電圧の差は1Vでまめ球に流れる電流を1Aとします。

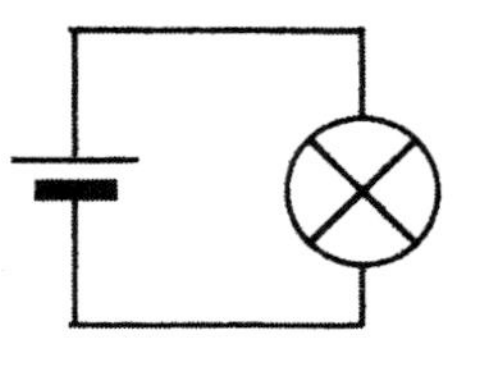

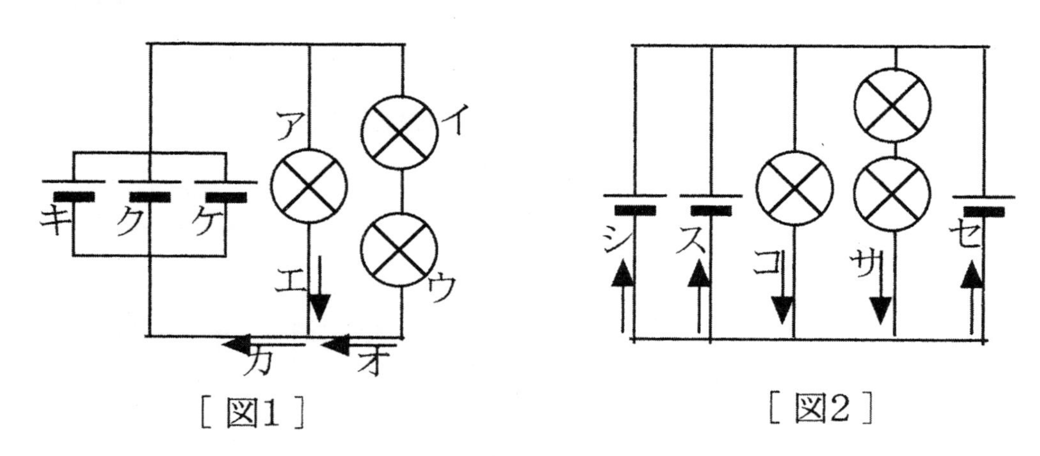

［図1］　　　　［図2］

ア（　　　）A、　イ（　　　）A、　（ヒント：ア・ウは電池の両端にかかる電圧の差とまめ球の個数で考えます。）

エ（　　　）A、　オ（　　　）A、　（ヒント：エはアに流れる電流から、オはイとウに流れる電流から考えます。一本道の法則を使います。）

カ（　　　）A、　（ヒント：カとエとオは分かれ道の法則の関係で考えます。）

キ（　　　）A、（ヒント：キクケは並列の電池です。カの電流を並列の電池が協力して流すと考えます。）

コ（　　　）A、　サ（　　　）A（ヒント：コ・サはア・ウと同様に考えます。）

シ（　　　）A、　セ（　　　）A（ヒント：コ・サの流れる電流の合計をシスセの並列の電池が協力して流すと考えます。）

注：［図1］と［図2］は同じ電流のながれかたをしています。同じ電気回路と言えます。

（各10点×10=100点）

電池に流れる電流の大きさ　no.1　　月　　日 得点（　　　）

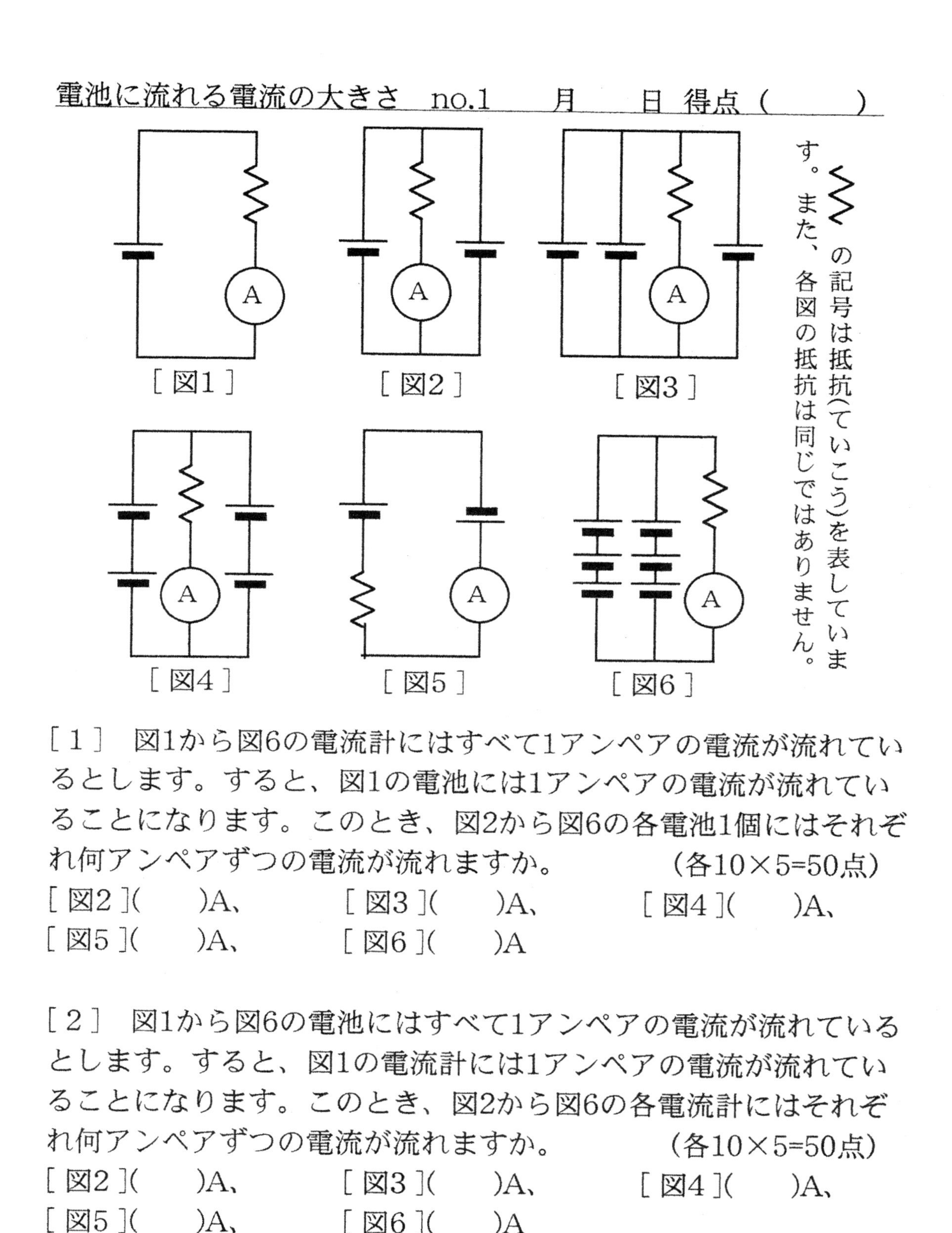

［１］　図1から図6の電流計にはすべて1アンペアの電流が流れているとします。すると、図1の電池には1アンペアの電流が流れていることになります。このとき、図2から図6の各電池1個にはそれぞれ何アンペアずつの電流が流れますか。　　　　（各10×5=50点）

［図2］(　　　)A、　　［図3］(　　　)A、　　［図4］(　　　)A、

［図5］(　　　)A、　　［図6］(　　　)A

［２］　図1から図6の電池にはすべて1アンペアの電流が流れているとします。すると、図1の電流計には1アンペアの電流が流れていることになります。このとき、図2から図6の各電流計にはそれぞれ何アンペアずつの電流が流れますか。　　　　（各10×5=50点）

［図2］(　　　)A、　　［図3］(　　　)A、　　［図4］(　　　)A、

［図5］(　　　)A、　　［図6］(　　　)A

電池に流れる電流の大きさ　no.2　　月　　日 得点（　　　）

下図のそれぞれ一つの電池に流れる電流は何アンペアですか。まめ球と電池はすべて同じ種類のものです。ただし、右図のまめ球の両端の電圧の差は1Vでまめ球に流れる電流を1Aとします。

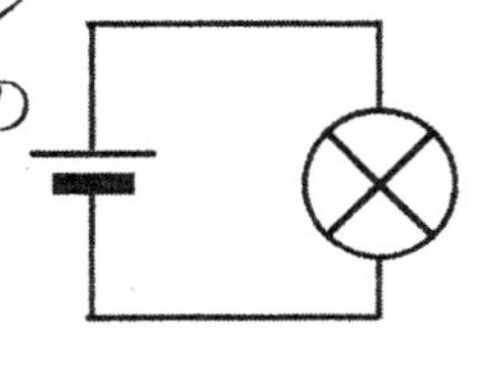

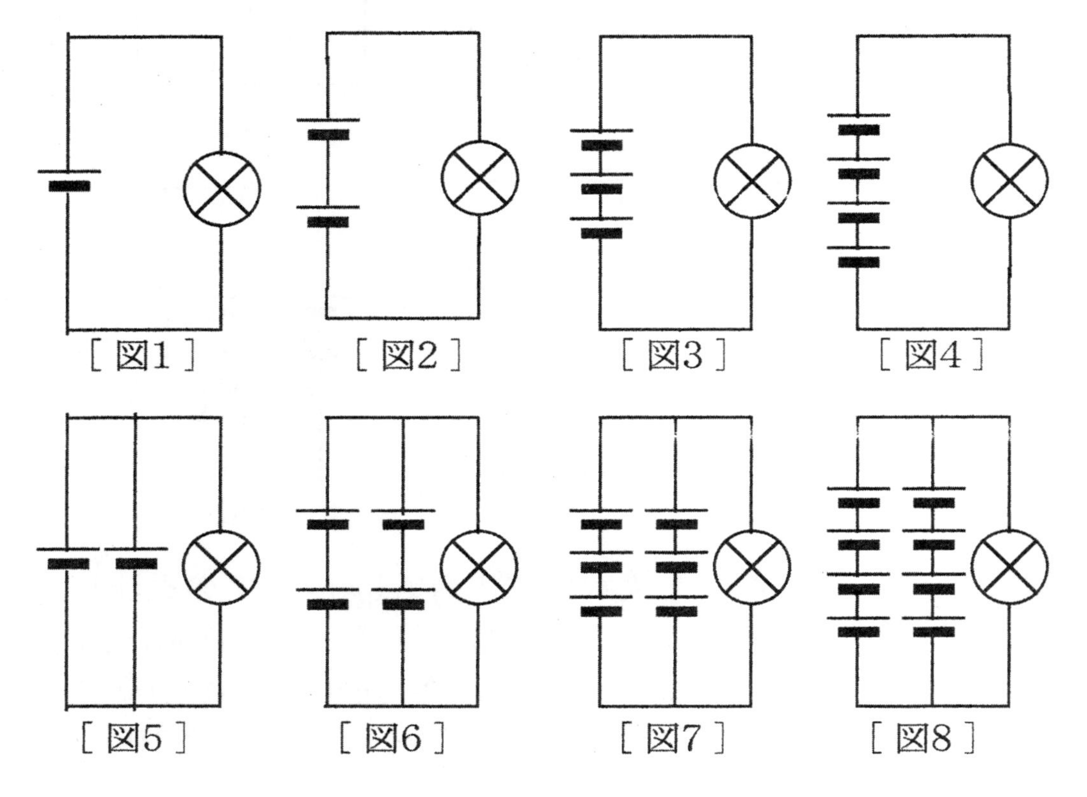

［図1］(　　)A、［図2］(　　)A、［図3］(　　)A、［図4］(　　)A、

［図5］(　　)A、［図6］(　　)A、［図7］(　　)A、［図8］(　　)A、

(図1～図4は各15点×4=60、図5～図8は各10点×4=40点)

電池に流れる電流の大きさ　no.3　　月　　日 得点（　　　）

下図のそれぞれ一つの電池に流れる電流は何アンペアですか。まめ球と電池はすべて同じ種類のものです。ただし、右図のまめ球の両端の電圧の差は1Vでまめ球に流れる電流を1Aとします。

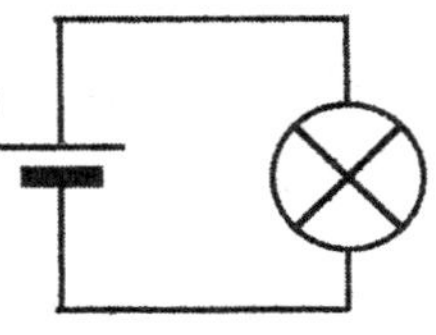

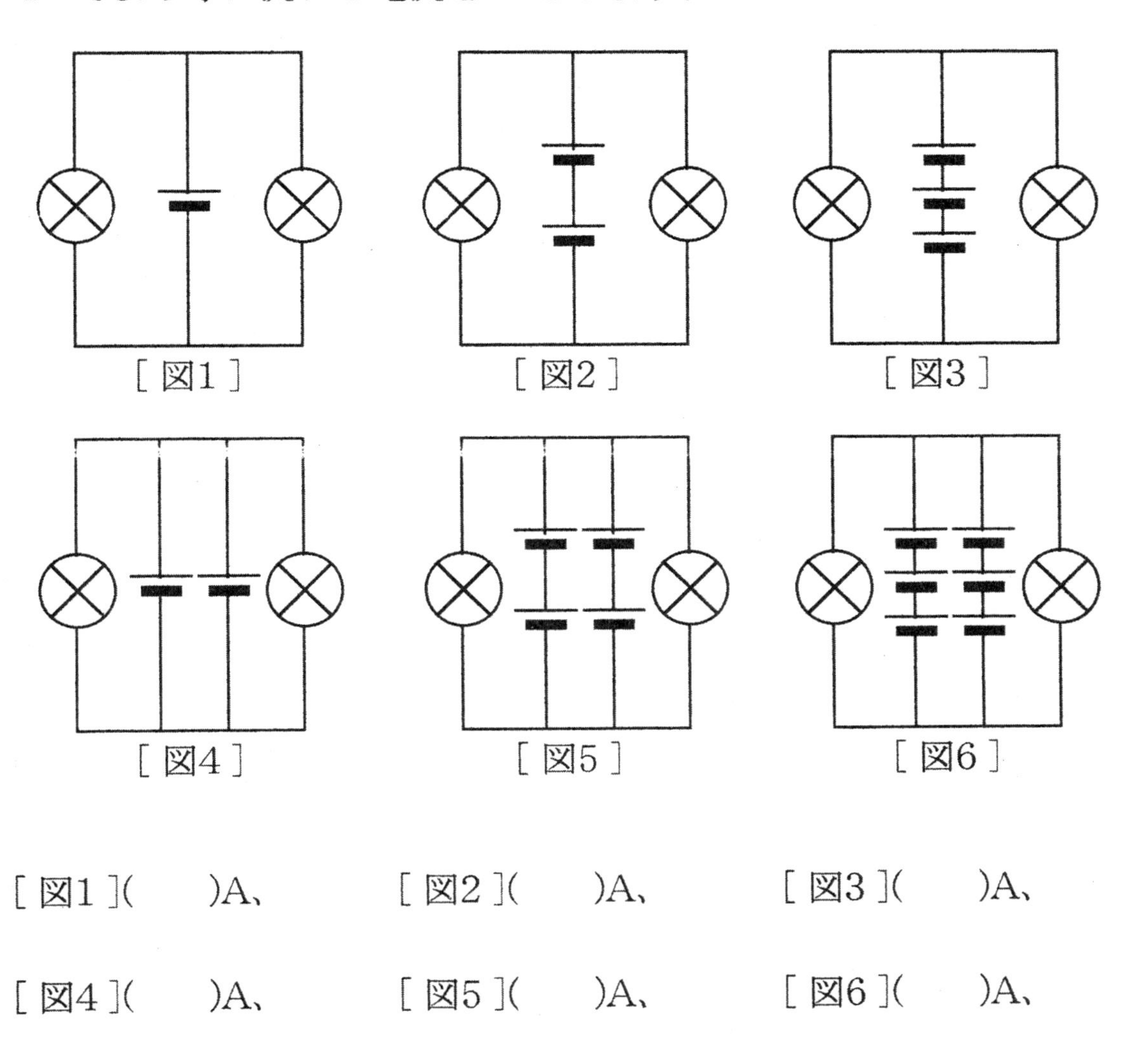

[図1](　　)A、　[図2](　　)A、　[図3](　　)A、

[図4](　　)A、　[図5](　　)A、　[図6](　　)A、

(図1～図2は各20点×2=40、図3～図6は各15点×6=60点)

電池に流れる電流の大きさ　no.4　　月　　日 得点（　　　）

下図のア～カの電池に流れる電流は何アンペアですか。まめ球と電池はすべて同じ種類のものです。ただし、右図のまめ球の両端の電圧の差は1Vでまめ球に流れる電流を1Aとします。

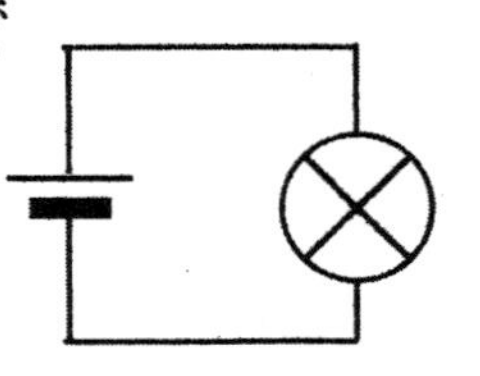

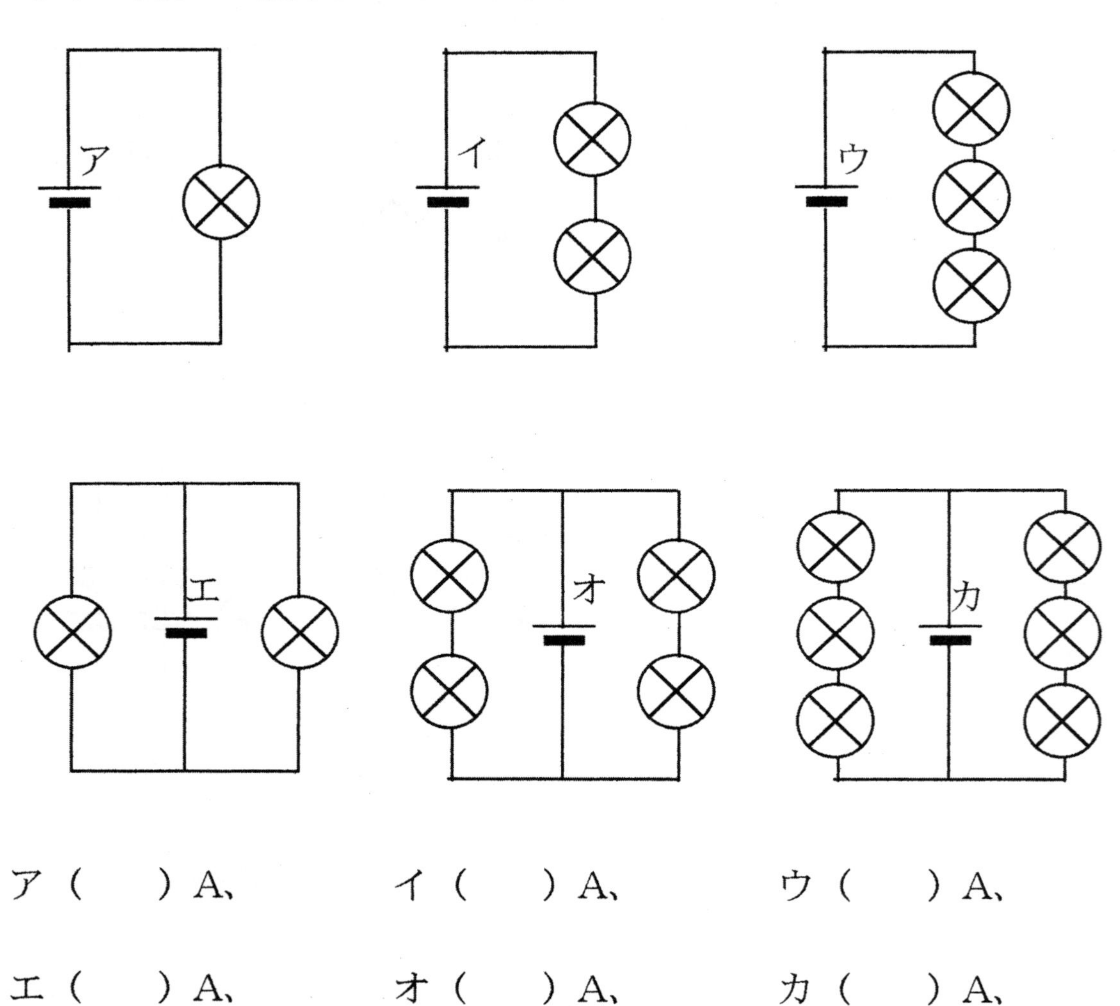

ア（　　）A、　イ（　　）A、　ウ（　　）A、

エ（　　）A、　オ（　　）A、　カ（　　）A、

（ア～イは各20点×2=40、ウ～カは各15点×6=60点）

電池に流れる電流の大きさ no.5 月 日 得点（ ）

下図のア～コの電池に流れる電流は何アンペアですか。まめ球と電池はすべて同じ種類のものです。ただし、右図のまめ球の両端の電圧の差は1Vでまめ球に流れる電流を1Aとします。

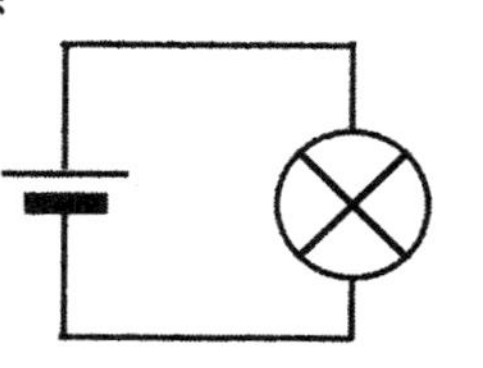

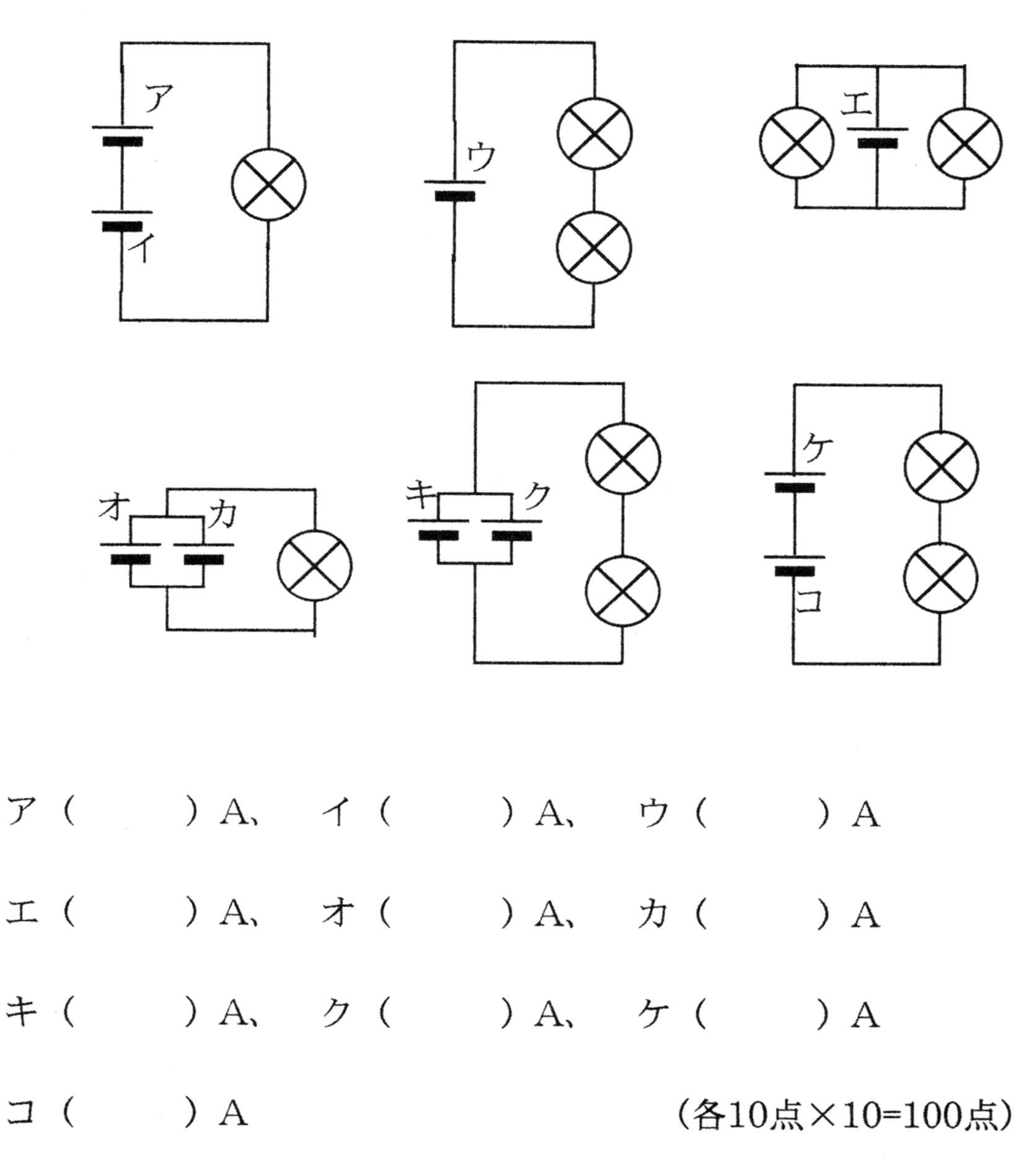

ア（ ）A、 イ（ ）A、 ウ（ ）A

エ（ ）A、 オ（ ）A、 カ（ ）A

キ（ ）A、 ク（ ）A、 ケ（ ）A

コ（ ）A （各10点×10=100点）

電池に流れる電流の大きさ　no.6　　月　　日 得点（　　　）

下図のア～コの電池に流れる電流は何アンペアですか。まめ球と電池はすべて同じ種類のものです。ただし、右図のまめ球の両端の電圧の差は1Vでまめ球に流れる電流を1Aとします。

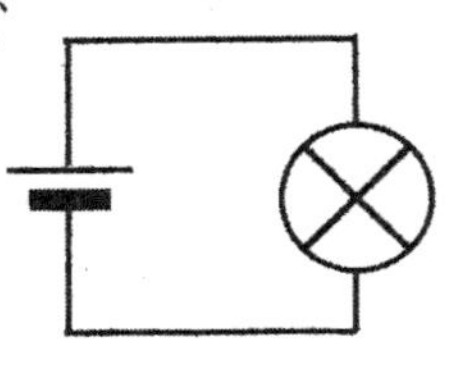

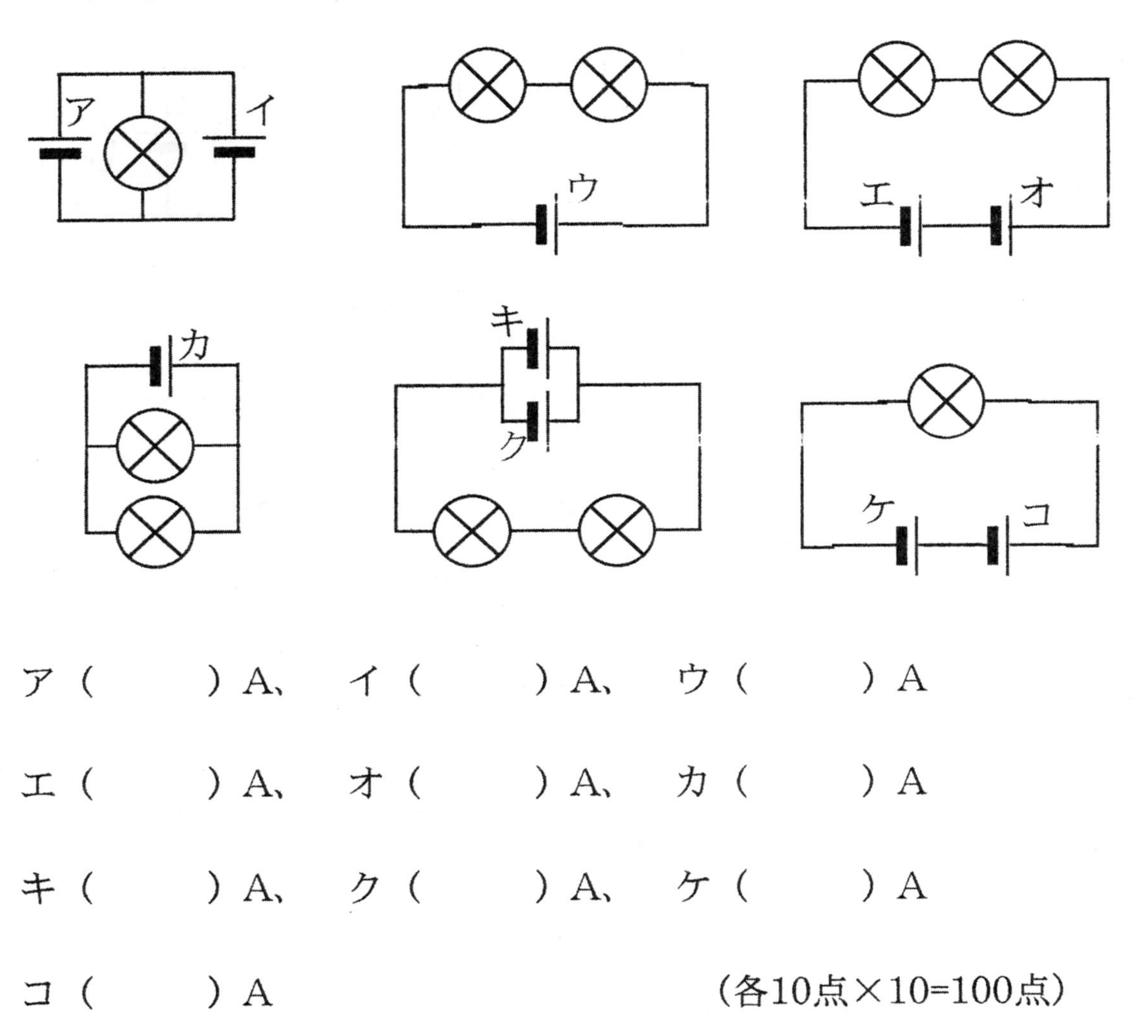

ア（　　　）A、　イ（　　　）A、　ウ（　　　）A

エ（　　　）A、　オ（　　　）A、　カ（　　　）A

キ（　　　）A、　ク（　　　）A、　ケ（　　　）A

コ（　　　）A　　　　　　　　（各10点×10=100点）

10、電流の大きさのまとめ　no.1　月　日 得点（　　）

下図のア～トの電池やまめ球に流れる電流は何アンペアですか。まめ球と電池はすべて同じ種類のものです。ただし、右図のまめ球の両端の電圧の差は1Vでまめ球に流れる電流を1Aとします。

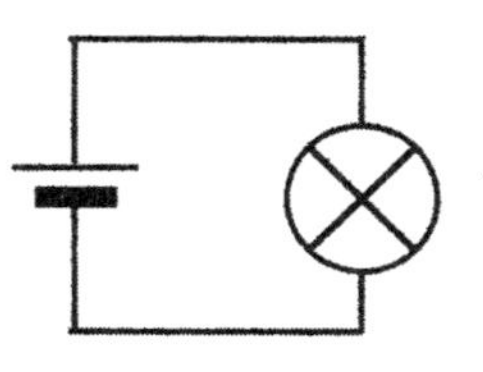

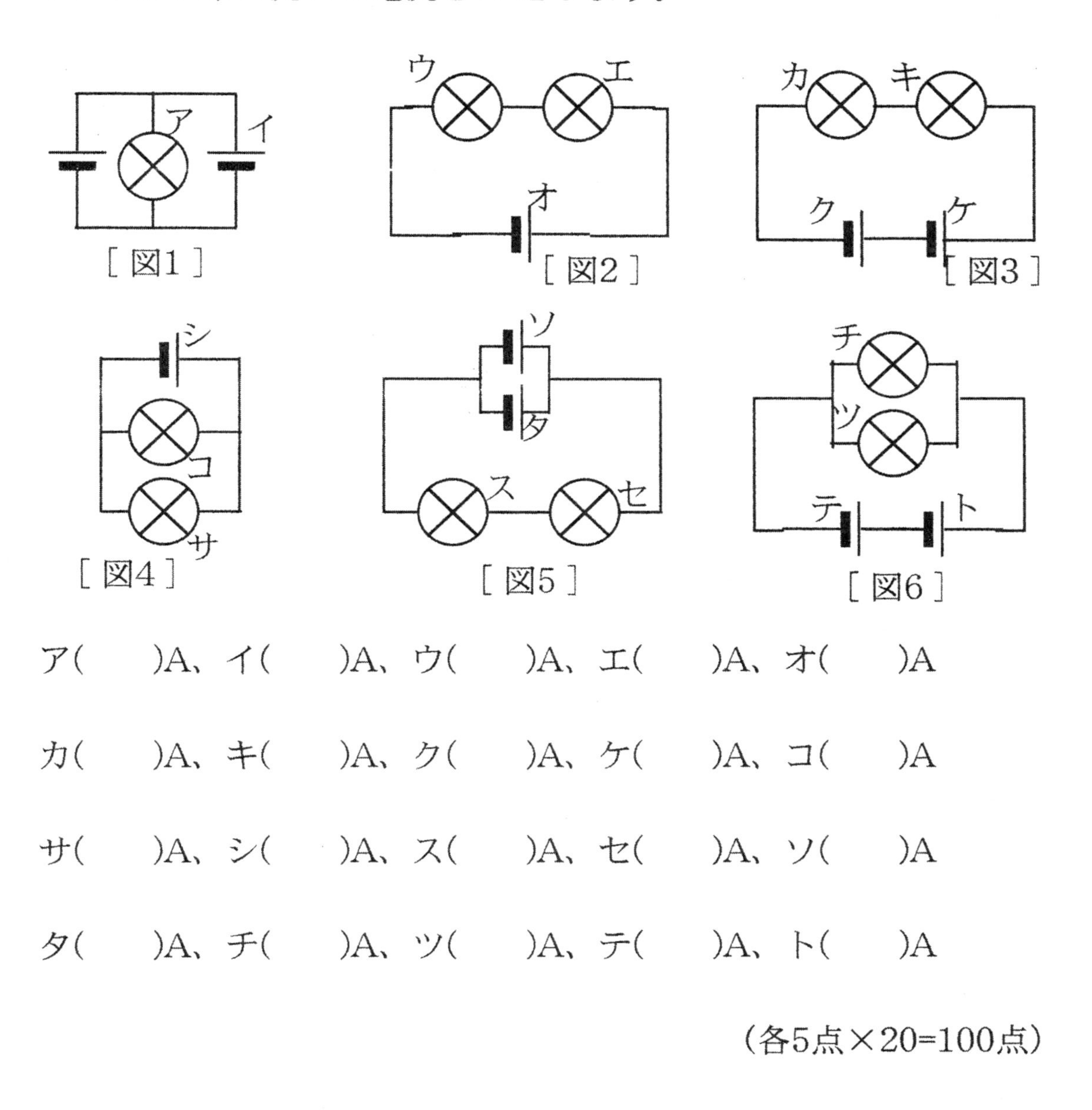

ア(　　)A、イ(　　)A、ウ(　　)A、エ(　　)A、オ(　　)A

カ(　　)A、キ(　　)A、ク(　　)A、ケ(　　)A、コ(　　)A

サ(　　)A、シ(　　)A、ス(　　)A、セ(　　)A、ソ(　　)A

タ(　　)A、チ(　　)A、ツ(　　)A、テ(　　)A、ト(　　)A

（各5点×20=100点）

電流の大きさのまとめ　　　no.2　　月　　日 得点（　　　）

次の図1から図6の電気回路について後の問に答なさい。ただし、まめ球と電池はすべて同じものです。

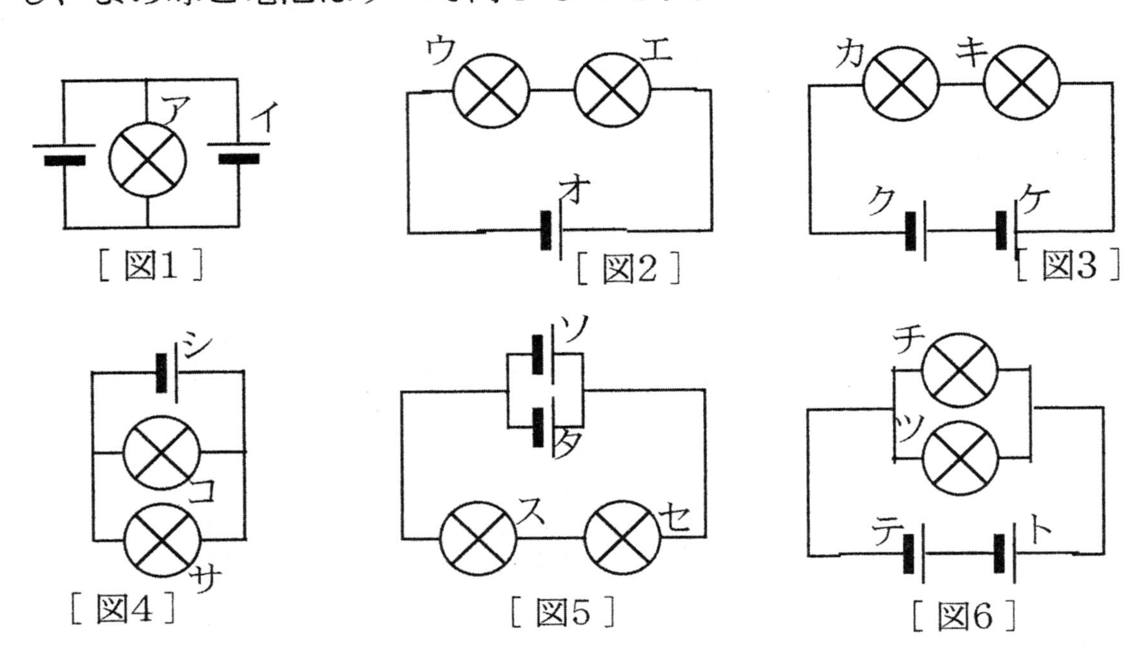

① まめ球アと同じ明るさのまめ球の記号をすべて答えなさい。
ヒント：電流の大きさが同じであれば同じ明るさになります。4個あります。

（　　　　　　　）

② 電池が並列になっている回路の図をすべて全て答えなさい。

（　　　　　　　）

③ もっとも明るくついているまめ球をすべて答えなさい。
ヒント：電流が大きいと明るい（　　　　　　　）

④ もっとも暗くついているまめ球をすべて答えなさい。
ヒント：電流が小さいと暗い（　　　　　　　）

⑤ もっとも電池が長もちする回路の図をすべて答えなさい。
ヒント：電池に流れる電流が小さいほど長もちします。

（　　　　　　　）

（各20点×5=100点）

11、ショート回路の意味

ショート回路のショートとは英語（えいご）でもともと短いと言う意味です。電気回路では電気の通り道のなかで、短い道すなわち近道（ちかみち）の意味があります。電気回路では導線（どうせん）は金属（きんぞく）の中でも抵抗の少ない銅（どう）などで出来ていて、電気を通しやすい性質を持っています。そのことから、電気回路の中に、電池やまめ球と平行して導線だけの道があると電気は近道を通ってしまって他には流れません。

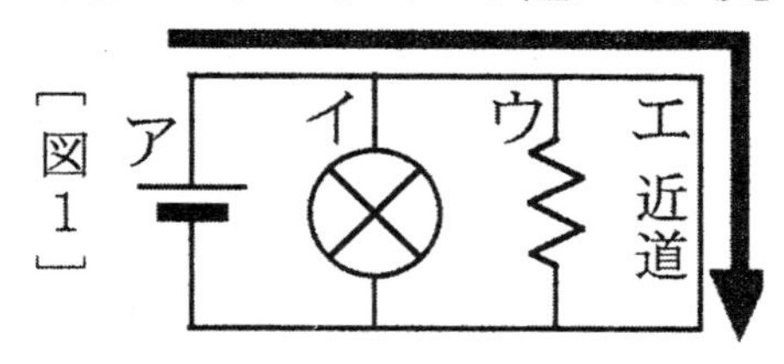

［図1］の回路では、アから出た電気はイ、ウへは流れずに、抵抗のない近道エに流れてしまいます。イのまめ球はつかないし、乾電池アは非常にたくさんの電流を流すのですぐに電池がなくなってしまいます。

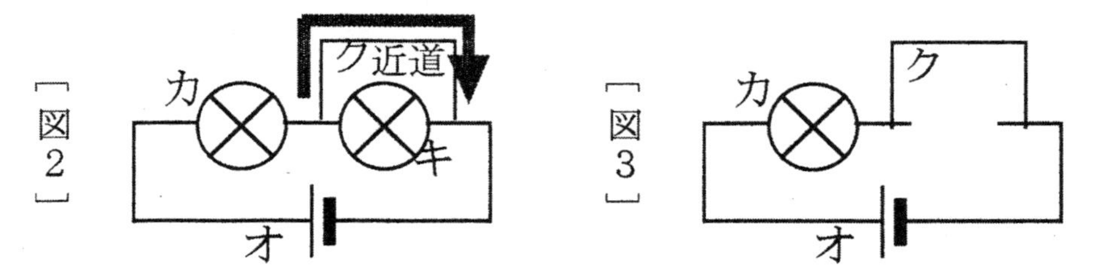

［図2］の回路では、乾電池オから出た電気はまめ球カを通りますが、まめ球キには流れず、クの近道に全部流れます。ですから、まめ球キはつかないことになります。ただし、［図1］とはちがって、［図2］の場合乾電池はすぐにはなくなりません。つまり、［図3］のような回路として電気は流れます。

ショート回路の見分け方

乾電池やまめ球の一方の端（はし）から他方の端へ導線だけでつながっている場合は、ショート回路になります。

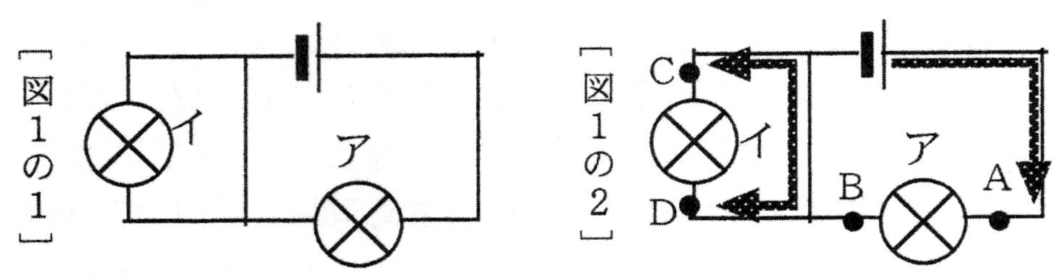

［図1］の回路では、まめ球アの右端（みぎはし）の点Aから他方の端の点Bの間には図のようにどうしても電池が入ります。ですから、まめ球アはショートしていません。しかし、まめ球イでは点Cと点Dは図の矢印で示した導線だけでつながっています。このことから、まめ球イはショートしていると分かります。

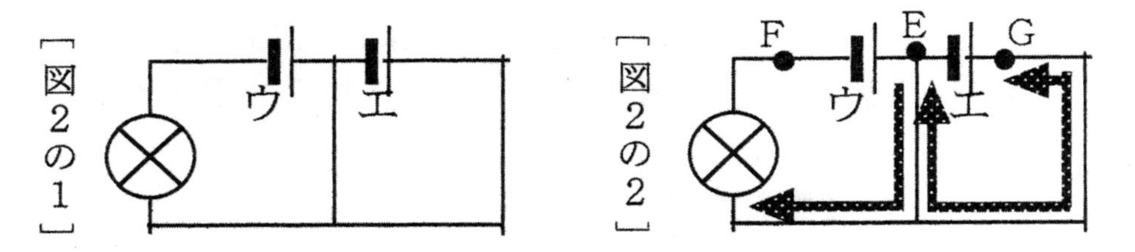

［図2］の回路では、乾電池ウの右端（みぎはし）の点Eから他方の端の点Fの間には図のようにどうしてもまめ球が入ります。ですから、乾電池ウはショートしていません。しかし、乾電池エでは点Eと点Gは図の矢印で示した導線だけでつながっています。このことから、乾電池エはショートしていると分かります。

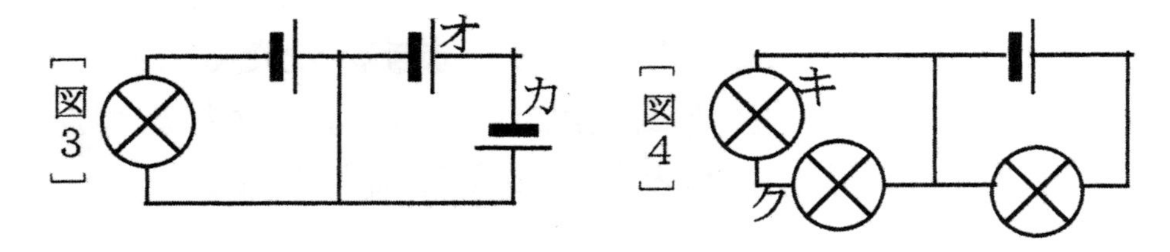

［図3］の回路では、乾電池オとカが直列で2個まとめてショートしています。［図4］の回路では、まめ球キとクが直列で2個まとめてショートしています。

ショート回路　　　　　　　　no.1　　月　　日 得点（　　　）

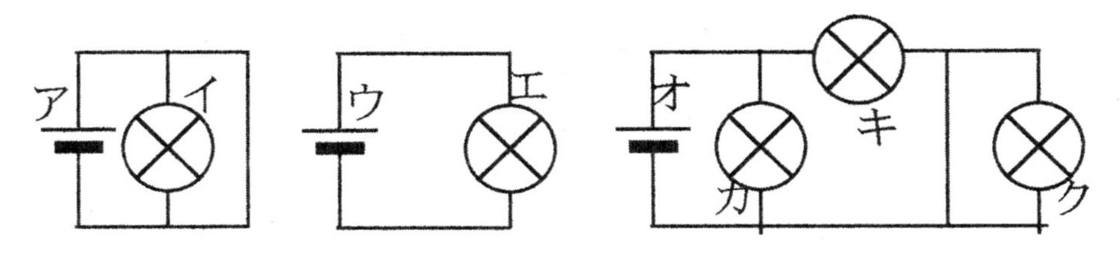

問1、ア～クの乾電池やまめ球の中でショートしているものの記号をすべてこたえなさい。（ヒント：3個あります。）

（　　　　　　　　）（10×3=30点）

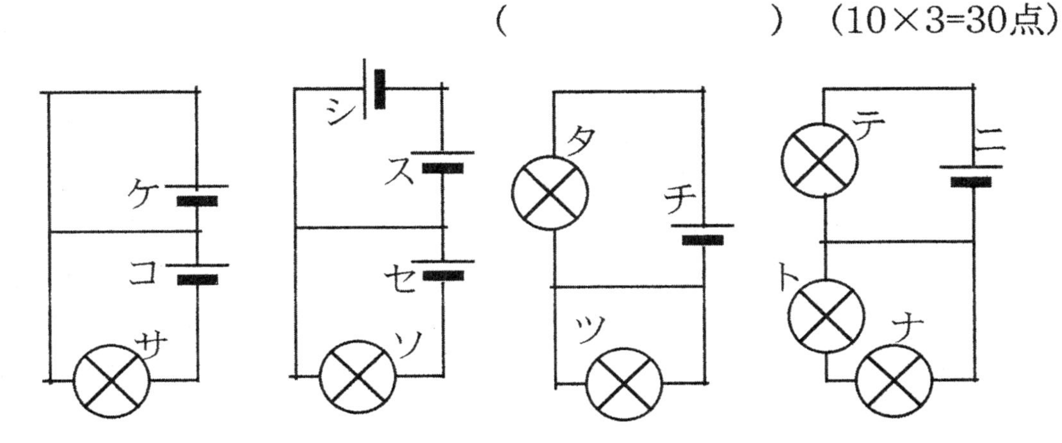

問2、ケ～ニの乾電池やまめ球の中でショートしているものの記号をすべてこたえなさい。（ヒント：6個あります。）

（　　　　　　　　）（10×6=60点）

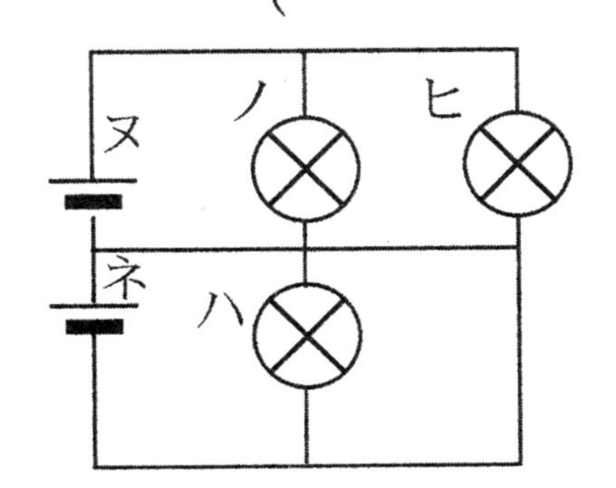

問3、ヌ～ヒの乾電池やまめ球の中でショートしているものの記号をすべてこたえなさい。（ヒント：2個あります。）

（　　　　　　　　）（完答10点）

ショート回路　　　no.2　月　日 得点（　　）

下図のア～コの電池やまめ球に流れる電流は何アンペアですか。まめ球と電池はすべて同じ種類のものです。ただし、右図のまめ球に流れる電流を1Aとします。またショートしている電池の電流は無限に大きいという意味の「∞」を記入しなさい。ショートしているまめ球には電流は流れないので「0」と記入しなさい。

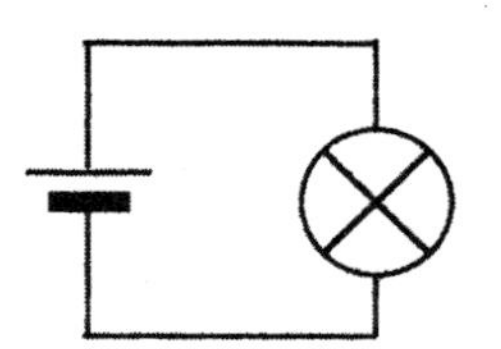

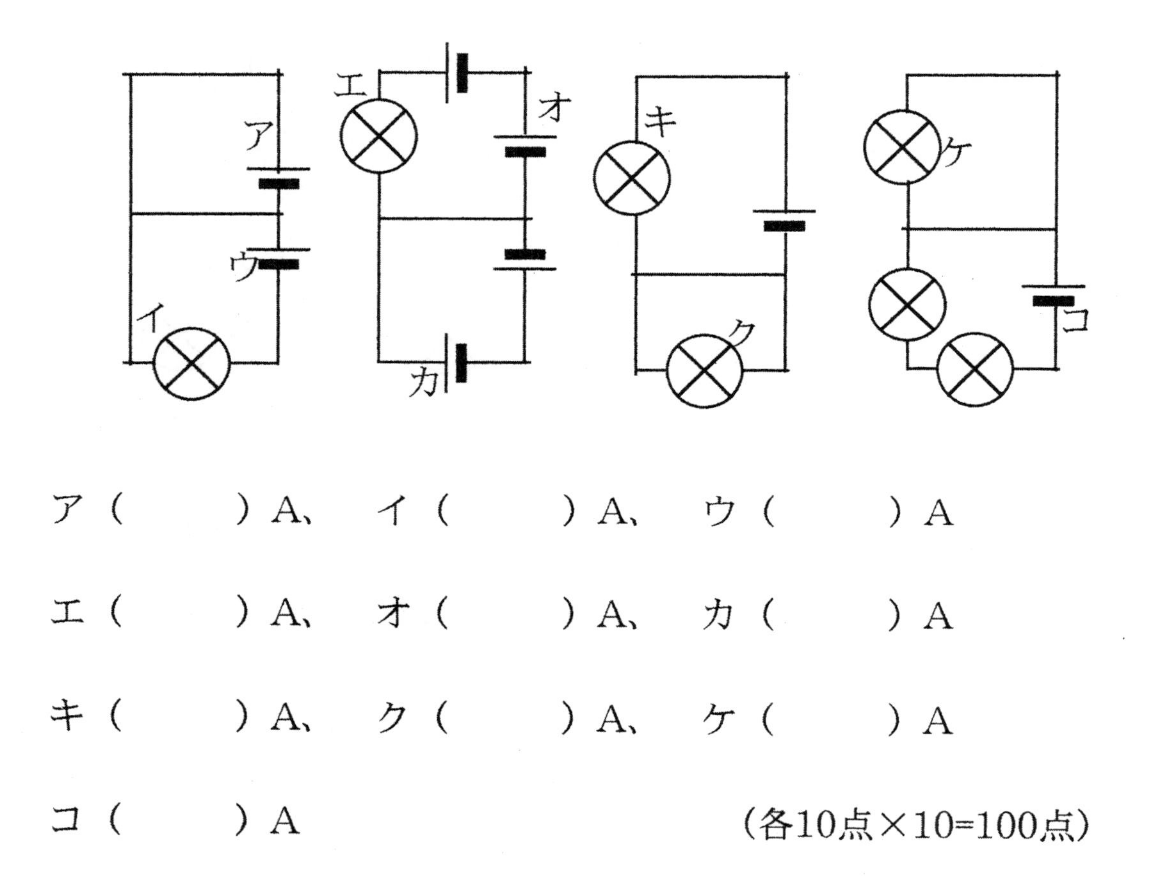

ア（　　　）A、　イ（　　　）A、　ウ（　　　）A

エ（　　　）A、　オ（　　　）A、　カ（　　　）A

キ（　　　）A、　ク（　　　）A、　ケ（　　　）A

コ（　　　）A　　　　（各10点×10=100点）

12、特別な回路

まめ球の両端（りょうたん）の電圧が同じためにつかない場合

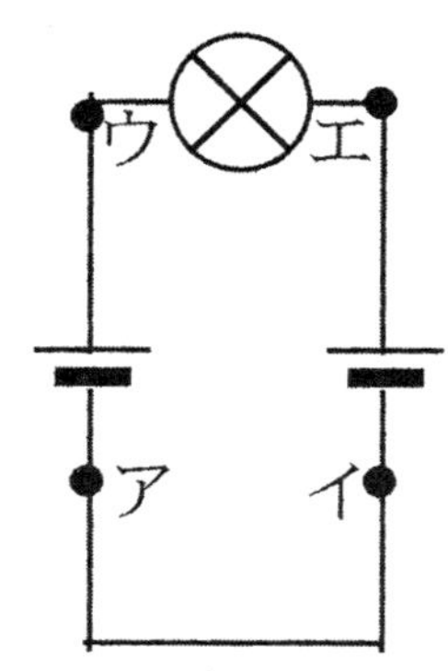

アの電圧の高さを0Vとすると、ウもエも高さは1Vになります。このような場合電池の両端の電圧の高さは両方とも1Vになるので、電圧の差がありません。ですから電流は流れないのでまめ球はつきません。まめ球と電池に流れる電流はすべて0アンペアです。

注：この場合の電池はまちがったつなぎかたですが、ショートしているとはいいません。

一本道に電池とまめ球が直列に並んでいるとき順番を入れ替えてより分かり易い回路にしてよい

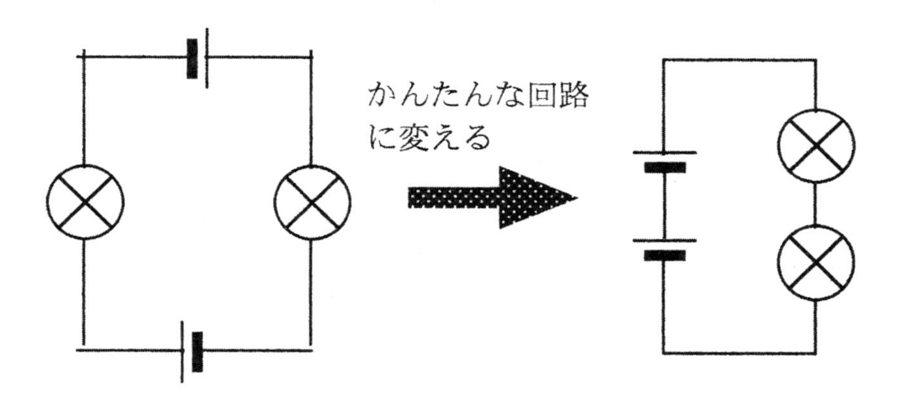

まめ球2個と電池2個がたがいちがいに直列につながった回路です。この場合は、まめ球と電池を入れかえて右の図のような分かり易い回路に変えて電流を考えます。ただし、電池の向きを変えてはいけません。

特別な回路　　　　　　　　　　no.1　　月　　日　得点（　　　）

下図のア～コの電池やまめ球に流れる電流は何アンペアですか。まめ球と電池はすべて同じ種類のものです。ただし、右図のまめ球に流れる電流を1Aとします。またショートしている電池の電流は無限に大きいという意味の「∞」を記入しなさい。ショートしているまめ球には電流は流れないので「0」と記入しなさい。

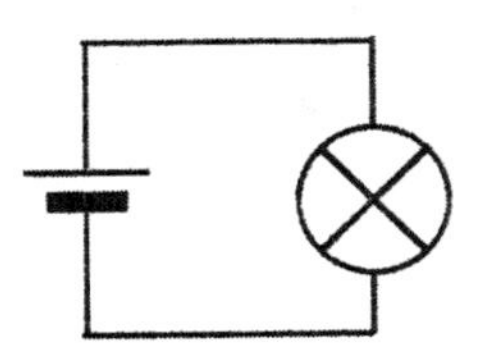

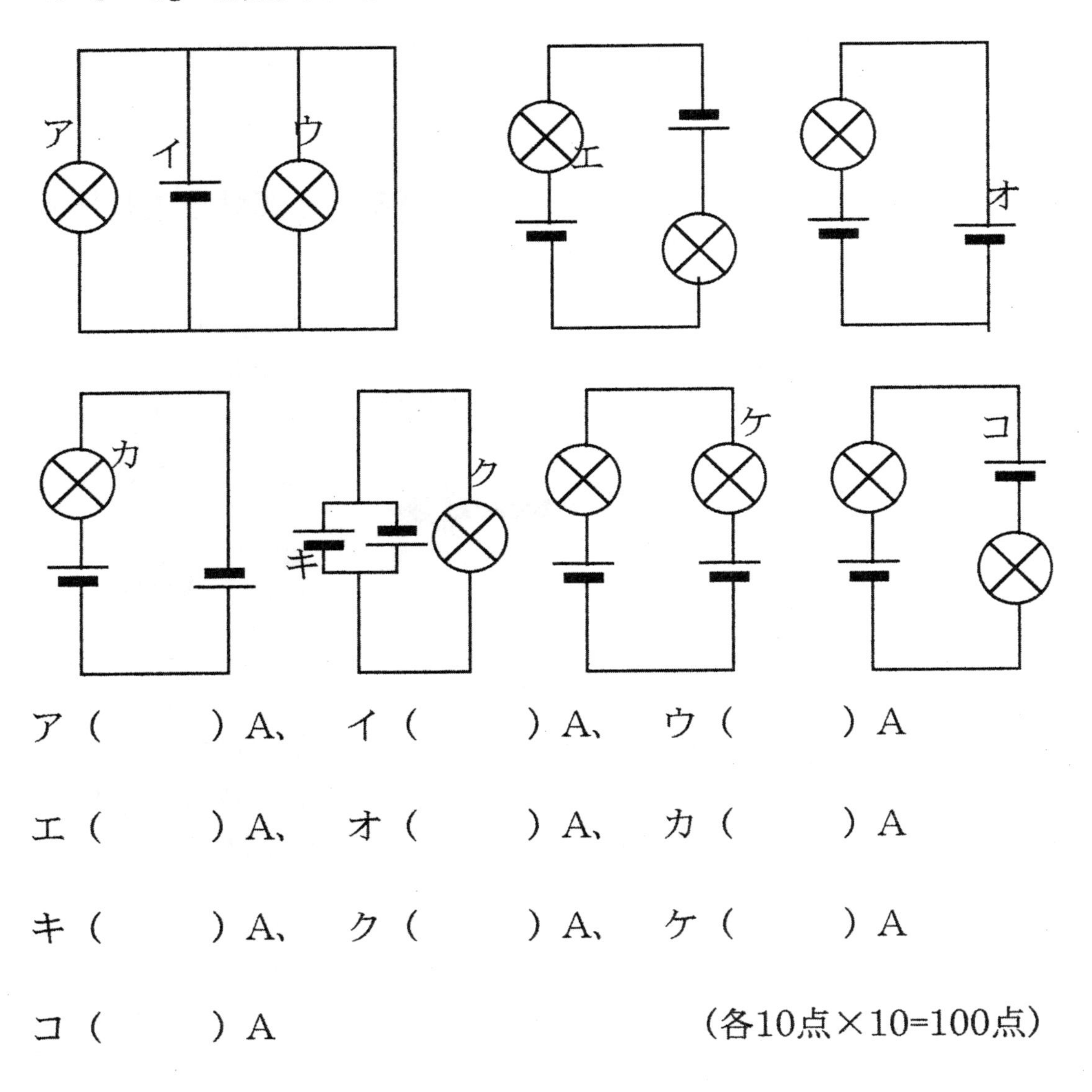

ア（　　　）A、　イ（　　　）A、　ウ（　　　）A

エ（　　　）A、　オ（　　　）A、　カ（　　　）A

キ（　　　）A、　ク（　　　）A、　ケ（　　　）A

コ（　　　）A　　　　　　（各10点×10=100点）

13、実力テスト標準no.1　　月　　日 得点（　　　）合格80点

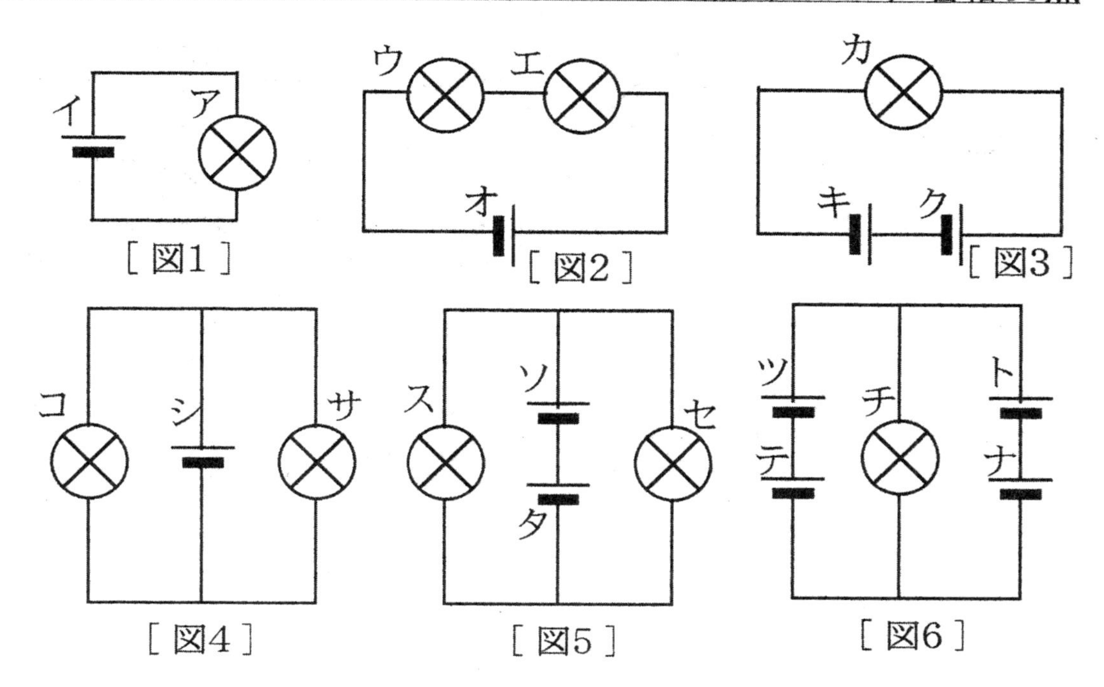

上図のまめ球と電池はすべて同じ種類のものです。次の問に答えなさい。

① まめ球アと同じ明るさのまめ球の記号をすべて答えなさい。
注：2個あります。完答。（　　　　　　　）

② まめ球が並列になっている回路の図をすべて答えなさい。
（　　　　　　　）

③ エコチの3つのまめ球を明るい順にならべなさい。
（　　　　　　　）

④ イと同じ大きさの電流を流している電池をすべて答えなさい。（　　　　　　　）

⑤ もっとも電池が早くなくなる回路の図を答えなさい。
（　　　　　　　）

（各20点×5=100点）

実力テスト標準　　　no.2　　月　　日 得点（　　　）合格80点

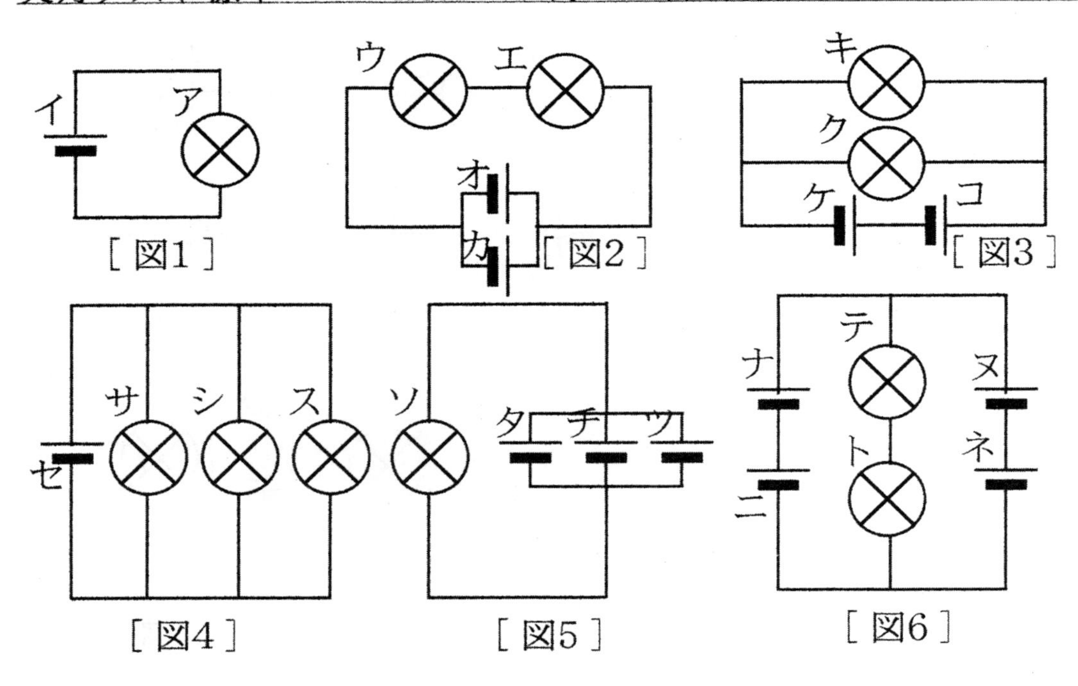

上図のまめ球と電池はすべて同じ種類のものです。次の問に答えなさい。

① まめ球アと同じ明るさのまめ球の記号をすべて答えなさい。
注：6個あります。完答。　　　　（　　　　　　　　　　）

② 電池が並列になっている回路の図をすべて答えなさい。
（　　　　　　　　　　）

③ イセタの3つの電池を電流が大きい順にならべなさい。
（　　　　　　　　　　）

④ もっとも明るくつくまめ球をすべて答えなさい。
（　　　　　　　　　　）

⑤ もっとも電池が長もちする回路の図を答えなさい。
（　　　　　　　　　　）

（各20点×5=100点）

実力テスト発展　　no.1　　月　　日 得点（　　　）合格80点

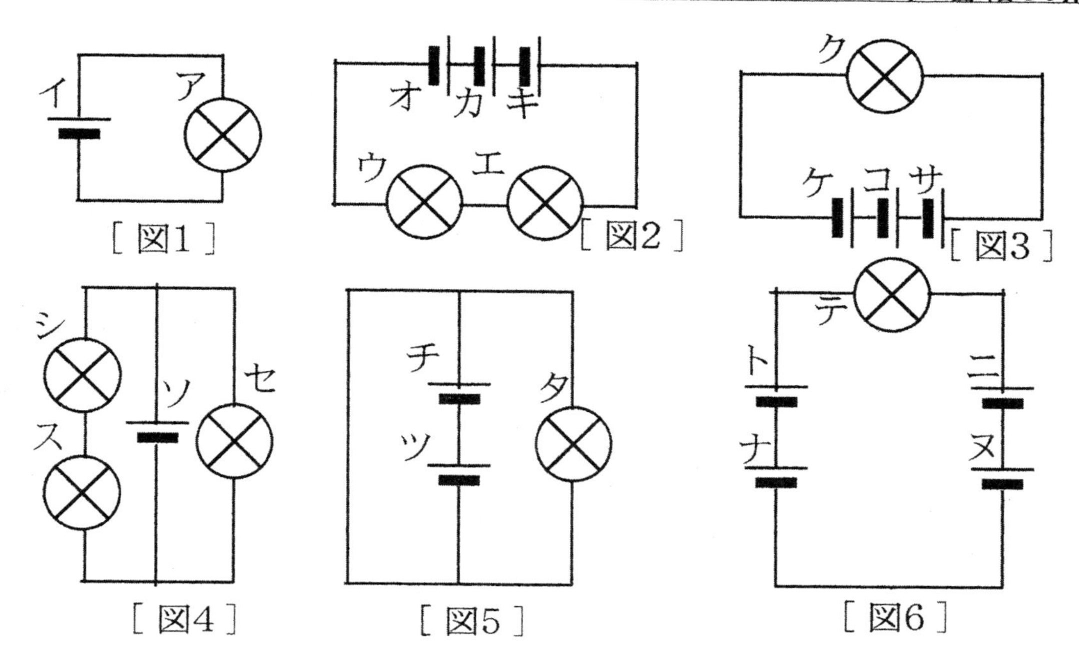

上図のまめ球と電池はすべて同じ種類のものです。次の問に答えなさい。

① まめ球アより明るくつくまめ球の記号をすべて答えなさい。
（　　　　　　　）

② 電池がショートしてすぐに電気がなくなってしまう電池をすべて答えなさい。（　　　　　　　）

③ イオケの3つの電池を電流が大きい順にならべなさい。
（　　　　　　　）

④ つかないまめ球をすべて答えなさい。
（　　　　　　　）

⑤ まめ球がつく回路の中で、もっとも電池が長もちする回路の図を答えなさい。（　　　　　　　）

（各20点×5=100点）

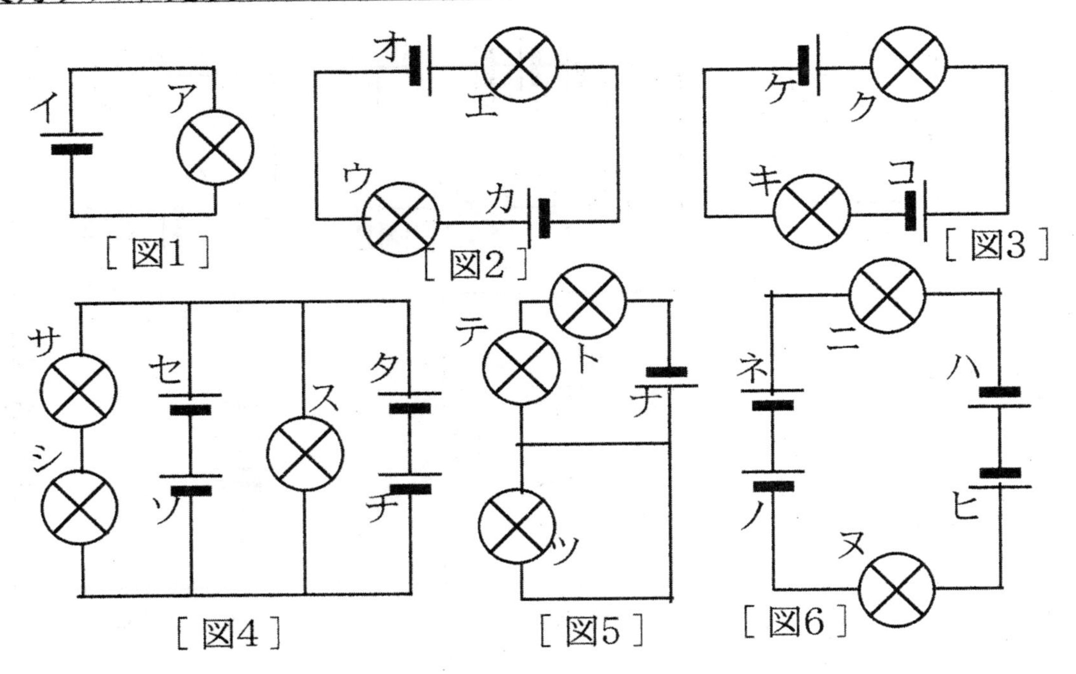

上図のまめ球と電池はすべて同じ種類のものです。次の問に答えなさい。

① まめ球アより明るくつくまめ球の記号をすべて答えなさい。
（　　　　　　）

② サステの3つのまめ球を明るい順にならべなさい。
（　　　　　　）

③ セナネの3つの電池を電流が大きい順にならべなさい。
（　　　　　　）

④ つかないまめ球をすべて答えなさい。
（　　　　　　）

⑤ まめ球がつく回路の中で、もっとも電池が早くなくなる回路の図を答えなさい。（　　　　　　）

（各20点×5=100点）

14、解答

P. 5　電池による電圧の差　no.1

①1V、②2V、③3V、④1V
⑤1V、⑥3V、⑦3V、⑧2V
⑨2V、⑩4V

P. 6　電池による電圧の差　no.2

①1V、②2V、③1V、④1V
⑤1V、⑥1V、⑦3V、⑧0V
⑨3V、⑩1V

P. 7　電池による電圧の差　no.3

①3V、②1.5V、③3V、④0V
⑤1.5V、⑥1.5V、⑦1.5V、
⑧3V、⑨3V、⑩1.5V

P. 8　電池による電圧の差　no.4

①2V、②1V、③3V、④0V
⑤0V、⑥1V、⑦3V、⑧3V
⑨3V、⑩0V

P.10　回路の中での電圧の差　no.1

アイ(1)V、ウエ(2)V
オカ(3)V、キク(4)V
ケコ(1)V、サシ(2)V
スセ(3)V、ソタ(4)V

P.11　電流は電圧に比例する　no.1

[図1]　1A、[図2]　2A
[図3]　3A、[図4]　4A
[図5]　1A、[図6]　2A
[図7]　3A、[図8]　4A

P.12　回路の中での電圧の差　no.2

アイ(1)V、ウエ(2)V
オカ(3)V、キク(1)V
ケコ(2)V、サシ(3)V

P.13　電流は電圧に比例する　no.2

[図1]　1A、[図2]　2A
[図3]　3A、[図4]　1A
[図5]　2A、[図6]　3A

P.15　回路の中での電圧の差　no.3

アイ(1)V、ウエ(1)V
オカ(1)V、キク(1)V
ケコ(1)V、サシ(1)V

P.16　電流は抵抗に反比例　no.1

ア（1）A、イ（$\frac{1}{2}$）A、
ウ（$\frac{1}{3}$）A、エ（1）A、
オ（$\frac{1}{2}$）A、カ（$\frac{1}{3}$）A、

P.18　電流の電圧と抵抗…　no.1

ア、電圧(1)倍・抵抗(1)倍
式(1×1×1),(1)A
イ、電圧(1)倍・抵抗(2)倍
式(1×1×$\frac{1}{2}$),($\frac{1}{2}$)A
ウ、電圧(1)倍・抵抗(3)倍
式(1×1×$\frac{1}{3}$),($\frac{1}{3}$)A
エ、電圧(2)倍・抵抗(1)倍
式(1×2×1),(2)A
オ、電圧(2)倍・抵抗(2)倍
式(1×2×$\frac{1}{2}$),(1)A
カ、電圧(2)倍・抵抗(3)倍
式(1×2×$\frac{1}{3}$),($\frac{2}{3}$)A
キ、電圧(3)倍・抵抗(1)倍
式(1×3×1),(3)A
ク、電圧(3)倍・抵抗(2)倍
式(1×3×$\frac{1}{2}$),($\frac{3}{2}$)A
ケ、電圧(3)倍・抵抗(3)倍
式(1×3×$\frac{1}{3}$),(1)A

P.19　回路の中での電圧の差　no.4

アイ(2)V、ウエ(1)V
オカ(1)V、キク(1)V
ケコ(1)V、サシ(2)V

P.20　電流の電圧と抵抗…　　no.2

ア：式(1 × 2 × 1),(2)A
イ：式(1 × 1 × $\frac{1}{2}$),($\frac{1}{2}$)A
ウ：式(1 × 1 × $\frac{1}{2}$),($\frac{1}{2}$)A
エ：式(1 × 1 × 1),(1)A
オ：式(1 × 1 × 1),(1)A
カ：式(1 × 1 × 1),(1)A
キ：式(1 × 1 × $\frac{1}{2}$),($\frac{1}{2}$)A
ク：式(1 × 1 × $\frac{1}{2}$),($\frac{1}{2}$)A
ケ：式(1 × 2 × $\frac{1}{2}$),(1)A
コ：式(1 × 2 × $\frac{1}{2}$),(1)A

P.21　電流の電圧と抵抗…　　no.3

ア：20mA×[1 × 1]=[20]mA
イ：20mA×[1 × $\frac{1}{2}$]=[10]mA
ウ：20mA×[1 × $\frac{1}{2}$]=[10]mA
エ：20mA×[2 × $\frac{1}{2}$]=[20]mA
オ：20mA×[2 × $\frac{1}{2}$]=[20]mA
カ：20mA×[1 × 1]=[20]mA
キ：20mA×[1 × 1]=[20]mA
ク：20mA×[1 × $\frac{1}{2}$]=[10]mA
ケ：20mA×[1 × $\frac{1}{2}$]=[10]mA
コ：20mA×[2 × 1]=[40]mA

P.22　電流の電圧と抵抗…　　no.4

①1A、②$\frac{1}{2}$A、③3A、④0A
⑤$\frac{3}{2}$A、⑥1A、⑦2A、⑧$\frac{1}{2}$A
⑨0A、⑩2A

P.24　電流の流れ方1　　no.1

ア(4)A,イ(2)A,ウ(2)A,エ(2)A
オ(2)A,カ(6)A,キ(6)A,ク(6)A
ケ(7)A,コ(5)A

P.25　電流の流れ方1
no.2

ア(6)A,イ(2)A,ウ(2)A,エ(6)A
オ(6)A,カ(12)A,キ(18)A,ク(6)A
ケ(2)A,コ(16)A

P.26　電流の流れ方1　　no.3

ア（ $\frac{1}{2}$ ）A、イ（ 2 ）A、
ウ（ $1\frac{1}{2}$ ）A、エ（ $1\frac{1}{3}$ ）A、
オ（ $\frac{1}{2}$ ）A、カ（ $1\frac{1}{2}$ ）A、
キ（ 2 ）A、ク（ 3 ）A、
ケ（ 4 ）A、コ（ 6 ）A、

P.28　電流の流れ方2　　no.1

ア（ $\frac{1}{4}$ ）A、イ（ $\frac{1}{3}$ ）A、
ウ（ $1\frac{1}{3}$ ）A、エ（ $1\frac{1}{3}$ ）A、
オ（ $\frac{1}{2}$ ）A、カ（ 1 ）A、
キ（ $\frac{3}{4}$ ）A、ク（ 1 ）A、
ケ（ 3 ）A、コ（ 2 ）A、

P.30　電流の流れ方2　　no.2

ア（ 1 ）A、イ（ $\frac{1}{2}$ ）A、
エ（ 1 ）A、オ（ $\frac{1}{2}$ ）A、
カ（ $1\frac{1}{2}$ ）A、キ（ $\frac{1}{2}$ ）A、
コ（ 1 ）A、サ（ $\frac{1}{2}$ ）A、
シ（ $\frac{1}{2}$ ）A、セ（ $\frac{1}{2}$ ）A、

P.31　電池に流れる電流　　no.1

［1］　図2($\frac{1}{2}$)A、図3($\frac{1}{3}$)A、
図4($\frac{1}{2}$)A、図5(1)A、
図6($\frac{1}{2}$)A

［2］　図2(2)A、図3(3)A、
図4(2)A、図5(1)A、
図6(2)A

P.32　電池に流れる電流　no.2

［図1］　1A、［図2］　2A
［図3］　3A、［図4］　4A
［図5］$\frac{1}{2}$A、［図6］　1A
［図7］$1\frac{1}{2}$A、［図8］　2A

P.33　電池に流れる電流　no.3

［図1］　2A、［図2］　4A
［図3］　6A、［図4］　1A
［図5］　2A、［図6］　3A

P.34　電池に流れる電流　no.4

ア（ 1 ）A、イ（ $\frac{1}{2}$ ）A、
ウ（ $\frac{1}{3}$ ）A、エ（ 2 ）A、
オ（ 1 ）A、カ（ $\frac{2}{3}$ ）A、

P.35　電池に流れる電流　no.5

ア（ 2 ）A、イ（ 2 ）A、
ウ（ $\frac{1}{2}$ ）A、エ（ 2 ）A、
オ（ $\frac{1}{2}$ ）A、カ（ $\frac{1}{2}$ ）A、
キ（ $\frac{1}{4}$ ）A、ク（ $\frac{1}{4}$ ）A、
ケ（ 1 ）A、コ（ 1 ）A、

P.36　電池に流れる電流　no.6

ア（ $\frac{1}{2}$ ）A、イ（ $\frac{1}{2}$ ）A、
ウ（ $\frac{1}{2}$ ）A、エ（ 1 ）A、
オ（ 1 ）A、カ（ 2 ）A、
キ（ $\frac{1}{4}$ ）A、ク（ $\frac{1}{4}$ ）A、
ケ（ 2 ）A、コ（ 2 ）A、

P.37　電流の大きさのまとめ　no.1

単位A(アンペア)は省略

ア1　イ$\frac{1}{2}$　ウ$\frac{1}{2}$　エ$\frac{1}{2}$　オ$\frac{1}{2}$
カ1　キ1　ク1　ケ1　コ1
サ1　シ2　ス$\frac{1}{2}$　セ$\frac{1}{2}$　ソ$\frac{1}{4}$
タ$\frac{1}{4}$　チ2　ツ2　テ4　ト4

P.38　電流の大きさのまとめ　no.2

①(カキコサ),②(図1,図5),
③(チツ),④(ウエスセ),
⑤(図5),

P.41　ショート回路　no.1

問1（アイク）、問2（ケシスツトナ）、問3（ネハ）

P.42　ショート回路　no.2

ア（ ∞ ）A、イ（ 1 ）A、
ウ（ 1 ）A、エ（ 2 ）A、
オ（ 2 ）A、カ（ ∞ ）A、
キ（ 1 ）A、ク（ 0 ）A、
ケ（ 0 ）A、コ（ $\frac{1}{2}$ ）A、

P.44　特別な回路　no.1

ア（ 0 ）A、イ（ ∞ ）A、
ウ（ 0 ）A、エ（ 1 ）A、
オ（ 0 ）A、カ（ 2 ）A、
キ（ ∞ ）A、ク（ 0 ）A、
ケ（ 0 ）A、コ（ 0 ）A、

解説、クの電流は電池がショートしているので、電池がないものとして考えます。ですから0Aです。

P.45　実力テスト標準　　　no.1

①(コサ),②(図4,図5),③(チコエ),④(ツテトナ),⑤(図5)

解説：各まめ球と電池に流れる電流を求めて問題を解きます。以下に各部の電流を書いてあります。

ア1　イ1　ウ$\frac{1}{2}$　エ$\frac{1}{2}$　オ$\frac{1}{2}$
カ2　キ2　ク2　コ1　サ1
シ2　ス2　セ2　ソ4　タ4
チ2　ツ1　テ1　ト1　ナ1

P.46　実力テスト標準　　　no.2

①(サシスソテト),②(図2,図5,図6),③(セイタ),④(キク),⑤(図2)

解説：各まめ球と電池に流れる電流を求めて問題を解きます。以下に各部の電流を書いてあります。

ア1　イ1　ウ$\frac{1}{2}$　エ$\frac{1}{2}$　オ$\frac{1}{4}$
カ$\frac{1}{4}$　キ2　ク2　ケ4　コ4
サ1　シ1　ス1　セ3　ソ1
タ$\frac{1}{3}$　チ$\frac{1}{3}$　ツ$\frac{1}{3}$　テ1　ト1
ナ$\frac{1}{2}$　ニ$\frac{1}{2}$　ヌ$\frac{1}{2}$　ネ$\frac{1}{2}$

P.47　実力テスト発展　　　no.1

①(ウエク),②(チツ),③(ケオイ),④(タテ),⑤(図1)

解説：各まめ球と電池に流れる電流を求めて問題を解きます。以下に各部の電流を書いてあります。

ア1　イ1　ウ$\frac{3}{2}$　エ$\frac{3}{2}$　オ$\frac{3}{2}$
カ$\frac{3}{2}$　キ$\frac{3}{2}$　ク3　ケ3　コ3
サ3　シ$\frac{1}{2}$　ス$\frac{1}{2}$　セ1　ソ$\frac{3}{2}$
タ0　チ∞　ツ∞　テ0　ト0
ナ0　ニ0　ヌ0

P.48　実力テスト発展　　　no.2

①(スニヌ),②(スサテ),③(ネセナ),④(キクツ),⑤(図6)

解説：各まめ球と電池に流れる電流を求めて問題を解きます。以下に各部の電流を書いてあります。

ア1　イ1　ウ1　エ1　オ1
カ1　キ0　ク0　ケ0　コ0
サ1　シ1　ス2　セ$\frac{3}{2}$　ソ$\frac{3}{2}$
タ$\frac{3}{2}$　チ$\frac{3}{2}$　ツ0　テ$\frac{1}{2}$　ト$\frac{1}{2}$
ナ$\frac{1}{2}$　ニ2　ヌ2　ネ2　ノ2
ハ2　ヒ2

M.acceess　学びの理念

☆学びたいという気持ちが大切です
勉強を強制されていると感じているのではなく、心から学びたいと思っていることが、子どもを伸ばします。

☆意味を理解し納得する事が学びです
たとえば、公式を丸暗記して当てはめて解くのは正しい姿勢ではありません。意味を理解し納得するまで考えることが本当の学習です。

☆学びには生きた経験が必要です
家の手伝い、スポーツ、友人関係、近所付き合いや学校生活もしっかりできて、「学び」の姿勢は育ちます。
生きた経験を伴いながら、学びたいという心を持ち、意味を理解、納得する学習をすれば、負担を感じるほどの多くの問題をこなさずとも、子どもたちはそれぞれの目標を達成することができます。

発刊のことば

「生きてゆく」ということは、道のない道を歩いて行くようなものです。「答」のない問題を解くようなものです。今まで人はみんなそれぞれ道のない道を歩き、「答」のない問題を解いてきました。
子どもたちの未来にも、定まった「答」はありません。もちろん「解き方」や「公式」もありません。
私たちの後を継いで世界の明日を支えてゆく彼らにもっとも必要な、そして今、社会でもっとも求められている力は、この「解き方」も「公式」も「答」すらもない問題を解いてゆく力ではないでしょうか。
人間のはるかに及ばない、素晴らしい速さで計算を行うコンピューターでさえ、「解き方」のない問題を解く力はありません。特にこれからの人間に求められているのは、「解き方」も「公式」も「答」もない問題を解いてゆく力であると、私たちは確信しています。
M.access の教材が、これからの社会を支え、新しい世界を創造してゆく子どもたちの成長に、少しでも役立つことを願ってやみません。

仕組みが分かる理科練習帳シリーズ１
電気の特訓　新装版　　分数範囲　　（内容は旧版と同じものです）

新装版　第１刷
編集者　M.access（エム・アクセス）
発行所　株式会社　認知工学
〒６０４―８１５５　京都市中京区錦小路烏丸西入ル占出山町 308
電話　（０７５）２５６―７７２３　　email : ninchi@sch.jp
郵便振替　０１０８０－９－１９３６２　株式会社認知工学

ISBN978-4-86712-001-9　C-6340　　R01100124J

定価＝ 本体６００円 ＋税